Bianca & Marco Mewes

Glücksorte für Blütenträume

Prächtige Parks & bunte Gärten

Dieses

Glücksbuch

ist für

Liebe Glücksuchende,

die Natur ist vermutlich der größte Glücksort der Welt. Dort, wo wir sie nach unseren eigenen Vorstellungen und Wünschen gestaltet haben, erlebt man sie oft auf ganz besondere Weise. Egal, ob ein entspannter Frühlingsspaziergang im Park, ein gemütlicher Sommerabend im eigenen Garten oder auf dem Balkon, ein herbstlicher Kunstkurs oder ein winterliches Lichterfest – wann immer uns „die Decke auf den Kopf fällt" oder das laute, hektische Leben der Großstadt uns überfordert, können wir in der Natur wieder Kräfte sammeln und zur Ruhe kommen.
Darum widmen wir uns in diesem Glücksorteband all den Parks und Gärten, in denen man, umgeben von Blumen in allen erdenklichen Farben und den wundersamsten Geräuschen und Düften, die schillerndsten Blütenträume erleben kann. Von der Ostsee bis ins Breisgau, von Bad Muskau bis St. Peter-Ording haben wir aus der riesigen Auswahl die schönsten Orte herausgesucht. Und für die herbstlichen oder regnerischen Tage noch ein paar kunstvolle Workshops entdeckt, in denen man den idealen Garten- und Balkonschmuck basteln kann. Wir wünschen viel Spaß beim Schmökern und herrliche Stunden in der Natur!

Bianca & Marco Mewes

GLÜCK

Deine Glücksorte …

... noch mehr Glück für dich

Hamburgs hängende Gärten

1 Der Grüne Bunker in Hamburg

Frische Luft und einen atemberaubenden Ausblick von einem der ungewöhnlichsten Wahrzeichen Hamburgs – und ein strammes Wadenprogramm – bietet der Grüne Bunker mitten auf St. Pauli. Schon lange gehört der 1942 errichtete Flakbunker zu den markantesten Gebäuden der Stadt, doch jetzt wurde ihm die grüne Krone aufgesetzt: Fünf stufenförmige Etagen fügte man in ebenso vielen Jahren Bauzeit hinzu und erhöhte den Bunker damit auf knapp 60 Meter.

Und diese fünf Etagen haben es in sich: 23.000 Bäume, Gehölze und Stauden pflanzte man an und erschuf so einen Terrassengarten hoch über der Stadt. Der Weg nach oben führt über einen um den Bunker herumlaufenden Bergpfad mit mehr als 340 Stufen, vorbei an allerlei Gewächsen. Klingt mühsam – es gibt auch einen Zugang für weniger mobile Menschen –, doch die Mühe lohnt sich! Denn wenn man den ersten Schwindel überwunden hat, eröffnet sich vom gemütlichen Dachgarten ein spektakulärer Blick über die Stadt und ihre Sehenswürdigkeiten: Die Elbphilharmonie, der „Michel", der Fernsehturm und der Hamburger Hafen zeigen sich in ihrer vollen Pracht, während man über den schick angelegten Steinweg durch den Garten schlendert oder sich auf eine der Bänke oder Stufen zurückzieht. Doch die Begrünung soll nicht nur der Aussicht dienen – das Konzept begrünter Dächer fördert insbesondere in Städten die natürliche Kühlung.

Schaut man vom Boden zum imposanten Dachgarten hinauf, versteht man schnell, wie es zum Spitznamen „Die hängenden Gärten von Hamburg" – nach einem der sieben Weltwunder der Antike – kam. Da der Park noch relativ jung ist, wird es noch eine Weile dauern, bis die Anpflanzungen und vor allem die Rank- und Kletterpflanzen zu voller Größe geraten sind und die ganze Pracht des Baus widerspiegeln. Der Zugang ist kostenlos, wird jedoch kontrolliert, da sich nur eine gewisse Anzahl an Besuchern gleichzeitig auf dem Dach aufhalten darf. Dann aber kann man sich bei bestem Ausblick eine frische Brise um die Nase wehen lassen.

- Grüner Bunker, Feldstraße 66, 20359 Hamburg
bunker-stpauli.de
- ÖPNV: Haltestelle Feldstraße

Griechischer Schein

2 Im Felsengarten Sanspareil bei Bayreuth

Das oberfränkische Bayreuth ist vor allem unter Opernfans ein beliebtes Reiseziel, denn die dort jährlich stattfindenden Richard-Wagner-Festspiele sind weltberühmt. Doch auch Naturfreunde finden in und um die wunderschöne Stadt viele lohnende Ziele und keines davon ist so faszinierend wie der Felsengarten Sanspareil. Wer sich hierher verirrt, wähnt sich in einer Märchenwelt mit einer Mischung aus barockem Glanz und antiker griechischer Mythologie.

Gut 20 Kilometer westlich von Bayreuth steht die Burg Zwernitz. 1744 ließ der damalige Markgraf um den bekannten Buchenhain unter der Burg, der schon mehrere Dichter und Poeten inspiriert hatte, einen rund 13 Hektar großen Felsengarten anlegen. Dieser bietet eine einzigartige Kombination aus lauschigen Buchenhainen und Kalksteinfelsen, die als natürliche Staffage oder als Sockel für wunderschöne und elegante Kunstbauten genutzt wurden. Auf dem eleganten Belvedere erzählen kunstvolle Szenen die mythologische Geschichte um Odysseus und Telemach nach, während die Kalypsogrotte mit einem Grottentheater noch tiefer in die griechische Mythologie eintauchen lässt. Auch die natürlichen Grotten wurden schmuckvoll in das Gelände integriert und staunend schlüpft man beim Eiskeller durch den schmalen Spalt zwischen zwei eng stehenden Felsen hindurch.

Das Parterre bildet eine der wenigen ebenen Flächen des Geländes und begeistert mit beeindruckenden Elementen, von denen der Morgenländische Bau hervorsticht. Außerdem findet man nur hier die streng geometrischen Muster, die für damalige Gärten üblich waren. An kaum einem Ort sammelt sich eine so ergreifende Mischung aus Garten-, Fels- und Gesteinskunst, architektonischen Prachtwerken und diversen mythologisch-märchenhaften Einflüssen. Eine komplette Auflistung aller vorhandenen Wunder würde den Rahmen sprengen – und ohnehin werden Worte dem Anblick, den einem Sanspareil bietet, kaum gerecht. Zum Glück ist das Gelände ganzjährig zugänglich, sodass man sich jederzeit selbst überzeugen kann.

- Felsengarten Sanspareil, Sanspareil 34, 96197 Wonsees
  bayreuth-wilhelmine.de
- ÖPNV: Haltestelle Sanspareil Busparkplatz

Rosige Aussichten

3 Das Europa-Rosarium in Sangerhausen

Man ist kaum drin, schon bleibt einem der Mund offen stehen, egal, ob man passionierter Rosenfan ist oder nicht. Denn sobald man das 1903 eröffnete Rosarium betritt, wird man buchstäblich von Rosenblüten umrankt und freudig begrüßt. Mehr als 8700 Rosensorten und -arten haben hier ihr Zuhause und erstrahlen in aller Farbenpracht, Blütenvielfalt und Formvollendung.

Etwa 80.000 Rosensträucher und andere Gehölze wachsen auf der 13 Hektar großen Fläche. Ideal, um mit allen Sinnen die Schönheit dieser Blumen zu genießen. Doch das Rosarium bietet mehr als nur eine abwechslungsreiche Blütensaison, denn auch für wissenschaftliche Forschungen oder Feste und Veranstaltungen eignet sich das Gelände. Im Jubiläumsgarten, der 2003 anlässlich des 100. Jahrestags des Rosariums angelegt wurde, erstrecken sich neben üppigen Rosenbögen auch zahlreiche Beete mit exotischen Rosensträuchern und klug platzierten Bänken, um die imposante Aussicht auf die Blumenpracht genießen zu können. Eher schattige Plätzchen findet man in der sogenannten Wolfsschlucht, die darüber hinaus auch mit einem Wasserlauf mit kleinen Wasserfällen aufwartet. Vom Aussichtspunkt Alpinum hat man einen prächtigen Ausblick auf die Rosen am Fuße der Anhöhe sowie auf die Bergehalde Hohe Linde, ein Wahrzeichen der geschichtsträchtigen Bergbauregion.

TIPP

Seit 2020 fungiert der Park im Juli und August als Freiluftgalerie unter dem Motto „Rose trifft Kunst".

Zur Saisoneröffnung im Mai veranstaltet das Rosarium einen großen Garten- und Pflanzenmarkt, zum Saisonende im Oktober stehen Kürbisschnitzen, Kinderschminken, ein Laternenumzug und eine Hagebuttenführung auf dem Programm. Dazwischen werden jede Menge Konzerte, Ausstellungen und Vernissagen organisiert, sowohl im Park als auch im Glashaus des Rosariums. Und wer die Rosen nicht nur anschauen, sondern auch mitnehmen möchte, hat reichlich Auswahl. Etliche Geschenkideen hält außerdem der Gartenträume-Laden bereit.

● Europa-Rosarium, Am Rosengarten 2 a, 06526 Sangerhausen
europa-rosarium.de
● ÖPNV: Haltestelle Rosarium

Welcome Ladies & Gentlemen

4 Der Englische Garten in München

Viele Parks begeistern mit ihrer lauschigen, gemütlichen Magie. Andere hingegen faszinieren durch ihre Größe. Dazu gehört der Englische Garten in München, die drittgrößte innerstädtische Parkanlage Deutschlands, nur noch vom Stadtwald Eilenriede in Hannover und dem Friedhofspark Ohlsdorf in Hamburg übertroffen. Der Englische Garten ist größer als der New Yorker Central Park oder der Londoner Hyde Park. Anfänglich umfasste er nur den Südteil des Parks, wo sich auch die bekanntesten Sehenswürdigkeiten befinden. Der nördliche Teil, auch als „Hirschau" bekannt, weil es dort einst viel Wild gab, ist größer, aber weniger gut besucht. Perfekt für einen ruhigen Waldspaziergang.
Der Rest des Parks ist mit seinen weiten, offenen Flächen und den zahlreichen Besuchern etwas weniger lauschig, besitzt aber seinen ganz eigenen Charme. Anders als andere Parks, die anfänglich nur dem Adel vorbehalten waren, war der Englische Garten als einer der ersten von Beginn an frei zugänglich. Der Chinesische Turm, ein 25 Meter hoher Holzturm im Pagodenstil, existiert schon seit der Parkgründung und gilt als Wahrzeichen des Englischen Gartens. Er ist nicht mehr begehbar, aber weiterhin ein beliebter Treffpunkt und Veranstaltungsort. Daneben findet sich der zweitgrößte Biergarten Münchens, der zugleich einer der größten in Bayern ist. Wer eine Reiterlaubnis besitzt, kann auch die 12 Kilometer Reitwege im Park nutzen.
Das Japanische Teehaus, das zu den Olympischen Sommerspielen 1972 errichtet wurde, ist hingegen ein Ort spiritueller Ruhe und lädt nicht nur zu regelmäßigen Teezeremonien und dem alljährlichen Japanfest ein. Der auf einem Hügel gelegene Monopteros wurde in den 1960er-Jahren zum Treffpunkt der alternativen Szene, was Münchens Ruf als weltoffene Stadt bedeutend mitprägte. In dem halbrunden Amphitheater führt die freie Schauspieltruppe „Münchner Sommertheater" jedes Jahr im Juli eine Komödie auf, die man bei schönem Wetter besuchen kann. Mehr München geht nicht.

- Englischer Garten, Englischer Garten 1, 80538 München
  muenchen.de/sehenswuerdigkeiten/englischer-garten
- ÖPNV: Haltestelle Chinesischer Turm, Königinstraße oder Nationalmuseum/Haus der Kunst

Elegante Geschichte

5 Im Schlosspark Benrath

Für gewöhnlich weisen Schlossparks weite Flächen mit geometrischen Formen, eleganten Beeten und kunstvollen Skulpturen unter freiem Himmel auf, in denen man lustwandeln und das Sommerwetter genießen kann. Ein bisschen ungewöhnlich ist er also, der Schlosspark Benrath. Natürlich findet sich auch hier prachtvolle Eleganz, etwa in dem knapp 300 Meter langen Spiegelweiher, der sich in einer atemberaubenden Achse vor dem Schloss erstreckt. Und auch der hinter dem Prunkbau liegende Schlossweiher bietet einen herrlichen Anblick. Doch das von einem geometrischen Wegesystem durchzogene Hauptgelände des Parks liegt fast vollständig in einem künstlich angelegten Wald verborgen.

Hier spaziert man genüsslich durch ein Naturschutzgebiet mit Dutzenden Vogel- und Hunderten Käferarten und über 60 verschiedenen Gehölzen, darunter auch seltene nordamerikanische. Der Park reicht bis an den Rhein und wurde in Teilen, etwa im Gemüsegarten neben dem alten Verwalterhäuschen, originalgetreu an die Form des späten 18. Jahrhunderts angepasst und rekonstruiert, und der älteste Teil des Gartens, der sogenannte Parterregarten, stammt noch aus den 1670er-Jahren!

Die historische Authentizität der Parkanlage ist kein Zufall, denn im Schloss ist das Museum für europäische Gartenkunst untergebracht, das sich 2500 Jahren Geschichte widmet. Seit 2002 stellt es etliche Sammlungen historischer Gartenkunst aus und lehrt viel über Blumenmoden, Skulpturen, Gartenplanung, Gehölzschnittkunst, den Garten als Apotheke oder die Einfuhr seltener Pflanzen. Auf dem Gelände stehen 2000 Quadratmeter zur Verfügung, auf denen Besuchern mittels Gemälden, Porzellan, Grafiken oder kostbaren Büchern frühere Formen der Gartenkunst nähergebracht werden. Wer so tief in die Vergangenheit eintauchen möchte, sollte Zeit mitbringen.

● Schlosspark Benrath, Benrather Schloßallee 100–108, 40597 Düsseldorf
schloss-benrath.de/schlosspark
● ÖPNV: Haltestelle Schloss Benrath

Augsburger Augenweide

6 Vielfalt im Botanischen Garten Augsburg

Ein bisschen trügerisch ist er, der Botanische Garten Augsburg, denn wenn man direkt hinter dem Eingang auf die Allee aus Kugelrobinien tritt, zu deren Füßen sich farbenfrohe Blumenbeete erstrecken, könnte man meinen, das Highlight dieser fast 100 Jahre alten Anlage bereits gesehen zu haben. Jedenfalls ist man so verzückt, dass man kaum glauben mag, dass es noch besser werden kann. Doch hinter der Allee warten die Themengärten. Das Ziel des Gartens: Natur erlebbar machen.

Der im tieferen Bereich liegende Senkgarten mit seinem Bauerngarten wärmt einem auch abends noch das Herz – buchstäblich. Die verlegten Platten sollen tagsüber die Sonnenwärme speichern und abends an die mediterranen Pflanzen abgeben – und an die Besucher. Der Naturgarten demonstriert anhand des Komposts den ökologischen Anbau und im Alpinum findet man einen kargeren und steinigeren Boden vor, der ideale Grund für alpine Pflanzen wie Steinkräuter oder Enziane, außerdem gedeihen ein paar Sumpfpflanzen auf der mit Wasser versorgten Seite. Im Rosengarten steht neben über 2000 Floribunda- und Polyantha-Rosen auch der Musikpavillon. Das Pflanzenschauhaus präsentiert in seiner etwas geschützteren Atmosphäre Savannengewächse und tropische Pflanzen mitsamt ihrem komplexen Ökosystem. Ein besonderer Platz wurde mit der Lechheide geschaffen: Hier haben all die Pflanzen und Gewächse ein Zuhause, die in den an Augsburg angrenzenden Lechtalheiden heimisch sind, die durch zunehmende Bebauung immer mehr abnehmen. Im Botanischen Garten lassen sich außerdem über eine Million Zwiebelpflanzen entdecken, vor allem Tulpen, die übers Jahr hinweg in Wechselbeeten angesetzt werden und damit auch wiederkehrenden Besuchern ein beeindruckendes Bild liefern.

Wer sich nicht nur durch die Farben- und Blütenpracht treiben lassen, sondern mehr über die Pflanzen und Tiere erfahren möchte, kann an Gartenführungen teilnehmen. Hier wird fundiertes Wissen durch Gärtner des Botanischen Gartens an Interessierte weitergegeben.

● Botanischer Garten Augsburg, Dr.-Ziegenspeck-Weg 10, 86161 Augsburg
augsburg.de/freizeit/ausflugsziele/botanischer-garten
● ÖPNV: Haltestelle Zoo/Botanischer Garten

Kühle Stadtmitte

7 Mußestunden im Aaseepark in Münster

Münster gehört zu den schönsten Städten des Landes und einer der Gründe dafür ist der zentral gelegene Aaseepark, Münsters bekanntestes Naherholungsgebiet. Er hält eine Fülle an Entspannungs- und Freizeitmöglichkeiten bereit und besticht nicht nur durch seine weite Fläche, sondern besonders durch seine Lage am künstlich angelegten Aasee, der sich ideal für einen Umrundungsspaziergang eignet. Dabei kann man nicht nur die zahlreichen Wasservögel auf dem See beobachten, sondern auch dem prallen Leben lauschen, denn der Park wird von den Münsteranern gerne und zu jeder Tageszeit aufgesucht.

Ursprünglich als Hochwasserschutz konzipiert, kühlt der Aasee durch seine Größe die Luft in der Stadt ab, das heißt, auch an heißen Tagen kann man hier in Ruhe und bei angenehmen Temperaturen eine Auszeit genießen, ein Buch lesen oder mit Freunden den Nachmittag verbringen. 2009 erhielt der Aaseepark die Auszeichnung „Schönster Park Europas“, nachdem er bereits ein Jahr zuvor zu „Deutschlands schönstem Park“ gekürt worden war. Besonders der westliche Seebereich ist durch seine naturnahe Gestaltung und die großzügigen Überschwemmungsgebiete mit Flachwasserzonen und Feuchtzonen eine wichtige Bereicherung für die Stadtnatur, außerdem wurden 2012 größere Baumaßnahmen vorgenommen, um die Durchgängigkeit für Wassertiere zu garantieren.

TIPP

Das Solarschiff SOLAARIS steuert eine besondere Aasee-Attraktion an: den Allwetterzoo.

Die weiten Rasenflächen – im Sommer ein beliebter Treffpunkt der Münsteraner – sind mit ihren großzügigen Sträuchern und Baumgruppen ansprechend gestaltet und im Winter lockt der See mit einer dicken Eisschicht für ein wahres Eislaufvergnügen! Ein Bootsverleih, eine Segelschule und zwei Segelclubs laden dazu ein, den See vom Wasser aus zu erkunden. Oder aus der Luft: Seit 1969 startet im Aaseepark Deutschlands älteste Montgolfiade, so der Name des beliebten Heißluftballonrennens.

- Aaseepark, Annette-Allee 7, 48149 Münster
- ÖPNV: Haltestelle Goldene Brücke/Aasee

Ist ja irre!

8 Durch den Irrgarten Altjeßnitz

Zu den faszinierendsten Garteninstallationen überhaupt gehören die wundersamen Heckenlabyrinthe. Ihre magische, ja fast mystische Wirkung ist nach wie vor ungebrochen. Ein „Spaziergang" in einem Heckenlabyrinth ist immer etwas ganz Besonderes, nicht nur, weil es diese Form der Heckenzucht nicht an jeder Ecke gibt, sondern auch, weil man dabei selbst viel aktiver ist. Die Suche nach dem Ausgang erfüllt einen mit genau der richtigen Mischung aus Abenteuer und Ruhe und wird so zu einem ganz speziellen Genuss.
Kein Wunder, dass Heckenlabyrinthe seit Jahrhunderten Künstler und Erzähler faszinieren. Umso schöner, dass im barocken Gutspark Altjeßnitz das älteste und mit 2600 Quadratmetern größte Heckenlabyrinth Deutschlands liegt. Der ehemalige Gutspark wurde zu einem kleinen Erholungsgebiet mit eleganten, teilweise seltenen Bäumen, einem See und weitläufigen Spazierwegen umgestaltet. Doch das zentrale Kleinod ist nach wie vor der von einem Förderverein gepflegte Irrgarten im Zentrum des Parks. Zu Shakespeares Zeiten entwickelten sich in britischen Adelsgärten erste Heckenlabyrinthe, die spätestens im viktorianischen England ihre Glanzzeit erlebten und zur Erbauung der Mittelklasse in allen öffentlichen Parks angelegt wurden. Ganz England war verrückt nach Heckenlabyrinthen und die Begeisterung schwappte auf den Kontinent über. Noch heute finden sich unzählige Abbildungen und Gemälde dieser Modeerscheinung und der Anblick lässt einen immer wieder staunen.
Heute sind Heckenlabyrinthe selten geworden. Aus gutem Grund: Der Platzbedarf ist enorm, denn auch wenn es sie in allen Größen gibt, braucht es eine gewisse Grundfläche, damit das Ganze überhaupt ein Labyrinth werden kann. Die Hecken müssen ausreichend hoch sein, damit man nicht drüberschauen kann, und sie sollten möglichst dicht belaubt sein, damit man nicht durch sie hindurchsieht. Wer einmal die Magie eines solchen Orts verspüren möchte, sollte sich die Gelegenheit nicht entgehen lassen.

● Irrgarten im Gutspark Altjeßnitz, Parkstraße 5 a, 06800 Jeßnitz
irrgarten-altjessnitz.com

Schwerpunkt auf der Linie

9 Blumen stecken im Ikebana-Seminar in Frankfurt

„Wenn du glücklich sein willst, umgib dich mit Blumen", besagt ein japanisches Sprichwort. Vielleicht haben die Japaner deshalb eine der schönsten und vor allem entspannendsten Formen gefunden, das Zuhause mit Blumen zu verzieren: die Blumensteckkunst. Diese jahrtausendealte Tradition lehrt, wie man mit Blumen Kunstwerke schafft, die auf eindringlich minimalistische Art und Weise das eigene Heim bereichern. Doch um die Kunst des Blumensteckens wirklich zu beherrschen, braucht es vor allem ein umfassendes Wissen um die einzelnen Blumensorten, ihre Struktur, ihre Größe und ihren Charakter, aber auch ihre individuellen Eigenarten und natürlich die Wachstumsgesetze im Lauf der Jahreszeiten. Um dieses Wissen zu erlangen, gibt es Ikebana-Seminare wie die der Ikenobo Ikebana Gesellschaft Deutschland West in Frankfurt am Main. Hier finden mehrmals im Jahr Kurse für Einsteiger und Fortgeschrittene statt, in denen man alles über das Zusammenspiel von Linien, Formen, Schwerpunkt und Masse erfährt, das für die Aussagekraft der Gestecke wesentlich ist. Denn während in der westlichen Welt beim Zusammenstellen von Blumengestecken traditionell Farbe, Pracht und Üppigkeit ausschlaggebend sind, hebt Ikebana die Linienführung und den freien Raum hervor.

TIPP
Weitere Kurse in der Nähe des eigenen Zuhauses findet man über den Ikebana-Bundesverband e. V.

Auch beim Ikebana gilt: Der Weg ist das Ziel. Zwar hat man am Ende ein wunderschönes Zierwerk für sein Zuhause erschaffen, doch der größte Gewinn ist die innere Einkehr während des Steckens – Ikebana sucht die Hingabe, die Ruhe, die Fantasie und die Liebe zu den Blumen sowie die ihnen innewohnende Aussagekraft. Dem Ikebana liegt also derselbe Gedanke zugrunde wie dem klassischen Gärtnern: Entspannung bei der Arbeit mit Pflanzen zu finden und am Ende ein prachtvolles Stück Natur vor sich zu haben. Wer dieser außergewöhnlichen Kunst frönen möchte, sollte sich darum schnell um einen Kurstermin bemühen.

● Ikebana-Seminar, Bürgerhaus Bornheim, Arnsburger Straße 24, 60385 Frankfurt am Main, ikenobo-ikebana-art.de/termine
● ÖPNV: Haltestelle Höhenstraße

Grüner wird's nicht

10 Im Britzer Garten in Berlin

Einer der Hauptunterschiede zwischen ländlichen Gebieten und der Großstadt ist wohl der Zugang zu grünen Naherholungsgebieten. Das gilt besonders für Deutschlands flächenmäßig größte Stadt Berlin. Kein Wunder also, dass die Stadt versucht, die Einwohner mit hübschen Parkanlagen zu versorgen, und das gelingt kaum irgendwo so gut wie im Britzer Garten an der Grenze zwischen Neukölln und Mariendorf. Der Britzer Garten kann als Gegenstück zu Hamburgs Anlage „Planten un Blomen" (Glücksort 63) gesehen werden und entstammt wie diese einer Bundesgartenschau: 1985 wurde auf ehemaligen Ackerflächen und Kleingartenanlagen das Gelände für die erste BUGA in Berlin errichtet, da schon 1970 festgestellt worden war, dass es den Westberliner Bezirken an Grünflächen mangelte. Also wurde von 1978 bis 1985 ein Landschaftspark mit Seen, Hügeln, Biotopen, Wäldern und großen Spielbereichen angelegt. Nach der BUGA wurde das Gelände in einen Naherholungspark umgestaltet, der aber noch viele ursprüngliche Elemente beinhaltet, so zum Beispiel die bereits 1866 erbaute Britzer Mühle. Auch die Britzer Parkbahn führt noch auf ihrem 5 Kilometer langen Rundkurs durch den Park. Die dieselbetriebenen Lokomotiven sind klassischen Modellen nachempfunden.

Auf dem Kalenderplatz bietet ein 99-Meter-Halbkreis eine riesige Sonnenuhr mit minutengenauer Anzeige. Es gibt zahlreiche Sportmöglichkeiten, darunter Lauf- und Joggingstrecken, einen Kneippparcours, Yoga- und Tai-Chi-Angebote, verschiedene Spielplätze, Kleintiergehege und Natur, Natur, Natur. Auf der insgesamt 90 Hektar großen Fläche finden sich neben gut 10 Hektar Seen (mit großem Modellboothafen) auch ein Rosengarten, ein „Hexengarten" und ein Geologischer Garten. Der Festplatz am See lockt das ganze Jahr über mit Konzerten, Open-Air-Veranstaltungen und Feuerwerken, und natürlich werden auch immer wieder Blütenschauen gezeigt. Wichtig: Der Park nimmt einen geringen Eintrittspreis, auch Jahreskarten sind verfügbar.

- Britzer Garten, Sangerhauser Weg 1, 12349 Berlin
britzergarten.de
- ÖPNV: Haltestelle Britzer Garten

Wo die Dinos wachsen

11 Botanische Gärten der Universität Bonn

Sammeln, verstehen, erleben und erhalten, das sind die Leitgedanken der Botanischen Gärten der Universität Bonn. Vor allem die Wissenschaft wird an diesem Ort der Ruhe und floralen Vielfalt in den Vordergrund gestellt. Eine zentrale Einheit bildet der Nutzpflanzengarten, der vor allem verschiedene Nahrungspflanzen wie Obstgehölze, aber auch Exoten wie Kakao, Tee- und Gewürzpflanzen sowie medizinisch genutzte Pflanzen in wechselnden Ausstellungen der Öffentlichkeit präsentiert. Eine besondere Faszination übt der Dinosaurierwald aus. Hier entdeckt man wahrlich altes Gehölz, denn obwohl es seit circa 65 Millionen Jahren keine Dinosaurier mehr gibt, haben Pflanzen aus dieser Epoche überlebt! Farne, Araukarien und Mammutbäume jener Zeit buhlen um die Gunst des Sonnenlichts und zeugen von der Vergangenheit. Ein Highlight sind einige Exemplare der bis zu 40 Meter in die Höhe wachsenden Wollemi-Kiefer, die man bis 1994 nur aus Fossilienfunden kannte und die heute als „lebendes Fossil" gilt.
Aber auch sogenannte Rekordbäume gibt es zu bestaunen, etwa die Kalifornische Nusseibe, den Persischen Eisenholzbaum, die Tempel-Kiefer oder die Lotuspflaume. Sie ragen bis weit über 20 Meter auf und machen ihrem Namen somit alle Ehre. Auch nicht verpassen sollte man die Biotopanlage, in der typische Pflanzgemeinschaften aus dem Gebiet rund um Bonn zu finden sind, die also das (botanische) Rheinland in Miniatur darstellt. So erkennt man exemplarisch, wie sich Lebewesen und Umwelt gegenseitig beeinflussen, und bekommt eindrücklich vorgeführt, wie schnell „Allerweltsarten" verschwinden und wie fragil unsere Umwelt letztendlich ist.
Der 1720 um den Botanischen Garten angelegte Barockgarten ist in seinen Grundzügen auch heute noch erkennbar. 1818 wurde er zu einem wissenschaftlichen Park umgestaltet und atmet als solcher noch immer die Luft der botanischen Erkenntnis und Erhaltung.

● Botanische Gärten der Universität Bonn, Meckenheimer Allee 169, 53115 Bonn
botgart.uni-bonn.de
● ÖPNV: Haltestelle Am Botanischen Garten

Nicht nur für Einsiedler

12 Die Eremitage in Bayreuth

Parkbesuche müssen nicht einsam sein und doch eignen sie sich hervorragend für Augenblicke der Ruhe, des In-sich-Gehens und der Besinnung. Es ist also mitnichten schlimm, sich allein in einem Park aufzuhalten, den Vögeln, dem Rauschen des Winds in den Blättern und dem Knirschen der Steine unter den Sohlen zu lauschen. Und in der Eremitage in Bayreuth wäre man nicht der erste Besucher, der lieber unter sich bleibt.

Im 17. Jahrhundert noch als Jagdgebiet genutzt, wurde die Anlage Anfang des 18. Jahrhunderts unter anderem mit einem Schloss bebaut und Schauplatz eines höfischen Eremitenspiels: Tagsüber zogen die Schlossbesitzer sich allein in die Pavillons zurück und spielten Eremit, abends aß man gemeinsam im Schloss. Man trug Mönchskutten, schlief in kargen Zellen, aß mit Holzlöffeln von irdenem Geschirr, verbannte Prunk und Protz. Dieses gespielte Eremitenleben verpasste der Anlage ihren Namen: Eremitage.

TIPP
Seit 1970 ist die Eremitage Schauplatz des Bayreuther Sommernachtsfests, ein Romantik-Highlight.

Heute geht es hier glücklicherweise lebhafter zu und der Garten ist seit damals ordentlich gewachsen. Bei der Erweiterung legte man Wert auf traditionelle barocke Elemente, errichtete beeindruckende Heckenquartiere, märchenhafte Laubengänge und imposante Wasserspiele sowie einige künstliche Ruinen, die einen fantasievollen Rückzug in frühere Zeiten ermöglichen. Neben großzügigen Rasenflächen lassen sich immer wieder kunstvoll angelegte Beete mit einer gewaltigen Blumen- und Farbenpracht bestaunen. Die Eremitage gilt als Musterbeispiel für Gartenanlagen des 18. Jahrhunderts, doch trotz der zahlreichen barocken Elemente findet sich hier kein typischer Barockgarten, denn dafür bräuchte es eine dominierende Achse. Die Teile der Eremitage hingegen sind selbstständiger als andere Gärten des Hochbarocks. Dennoch sind die stündlich startenden Grotten- und Wasserspiele imposant und von Mai bis Oktober ein beliebter Anlaufpunkt für Gäste, ebenso wie die Aufführungen im Römischen Theater.

● Eremitage, Eremitage 4, 95448 Bayreuth
bayreuth-wilhelmine.de
● ÖPNV: Haltestelle Eremitage

Das teicht was

13 Teichbauseminare in Ibbenbüren

Am Thema Gartenteich scheiden sich die Geister. Für manche ist ein Teich das Kronjuwel des heimischen Gartenreichs – ein kleines Biotop für sonst nur schwer zu haltende Wasserpflanzen und schmückende Tierfiguren. Liegt der Garten naturnah, kann er sogar als Laichplatz herhalten. Für andere wiederum bedeutet ein Teich viel Arbeit mit wenig Nutzen, denn Gartenteiche benötigen eine Menge Zuwendung – sie müssen sauber gehalten werden, meist sind sie nicht zum Baden geeignet und oft genug entwickeln sie sich irgendwann zum von Algen und Schilf überwucherten Rest eines einst prunkvollen Wasserstücks. NaturaGart bei Osnabrück am Dortmund-Ems-Kanal bietet ein riesiges Areal, das sich auf Teichbau und Gartenteiche spezialisiert hat. Dazu kann man vor Ort die schier endlosen Möglichkeiten zur Teichgestaltung direkt erleben und bestaunen, die benötigte Ausrüstung besorgen und sich mit anderen Gartenteichfreunden austauschen. Führungen und Veranstaltungen wie Blütenschauen oder ein Tauchpark (!) für Sporttaucher lohnen allein schon den Besuch. Wer mit einem Gartenteich liebäugelt, kann sich zu Hause vorab schlaumachen: NaturaGart stellt eine Reihe von Informationsvideos sowie eine breite Palette an Webseminaren zum Thema Teichbau zur Verfügung, die sich mit allen wichtigen Fragen rund um das Thema auseinandersetzen und sich an alle richten, die selbst einen Teich bauen wollen oder diese Arbeit an jemanden abtreten möchten. Dabei geht es primär um Gartenteiche, also Fischteiche, Naturteiche oder Schwimmteiche.
Wie komplex das Thema ist, zeigt sich daran, dass sich einige Garten- und Landschaftsbauer durch Weiterbildung zu sogenannten Teichbauern spezialisieren. Wer sein ganz persönliches Projekt Gartenteich starten möchte, wird hier also fündig – sowohl was Wissen und Informationen als auch das nötige Material anbelangt. Vor allem aber wird hier die Kreativität befeuert – denn welche Möglichkeiten Gartenteiche bieten, sollte man am besten selbst vor Ort herausfinden.

- NaturaGart, Riesenbecker Straße 63, 49479 Ibbenbüren, Tel. (0 54 51) 5 93 40
naturagart.de
- ÖPNV: Haltestelle Dörenthe, NaturaGart/Botanischer Garten

Rosige Königin

14 Farbenpracht im Dresdner Rosengarten

Die Rose gilt aufgrund ihrer Schönheit, ihres Dufts, ihrer Blüten und ihrer Vielfalt als Königin der Blumen, aber auch als ein Symbol für die Liebe und die Verschwiegenheit. Kein Wunder also, dass sie sich zu allen Zeiten großer Beliebtheit erfreute, was zum Entstehen zahlreicher Rosengärten auf der ganzen Welt führte. Von daher ist der Dresdner Rosengarten nur einer von vielen – und doch ein ganz besonderer.

Das zwischen 1935 und 1937 am Dresdner Königsufer direkt an der Elbe im Herzen der Stadt angelegte Gartenreich steht heute unter Denkmalschutz. Auf knapp 30 Hektar sind hier neben Gehölzen aus der Entstehungszeit auch über 120 Rosensorten zu bewundern, deren Namen oft noch bezaubernder klingen, als die Blumen aussehen: „Abendrot", „Lilli Marleen", „Elbeglut" und „Schneewittchen" sind nur vier dieser Sorten. Es finden sich alle denkbaren Klassen: Strauchrosen, Floribunda, Lambertiana-, Tee- und Polyantha-Hybriden, Zwerg-, Wild- und Kletterrosen blühen in sattem Rot, leuchtendem Orange, zartem Rosé, kräftigem Pink oder schmeichelndem Weiß, eine Farbenpracht, deren Töne fließend ineinander übergehen.

Der Rosengarten ist in einer Längsachse angelegt, die durch wenige Querachsen harmonisch gebrochen wird, sodass man vom vorderen Teil des Gartens mit seinen quadratisch angelegten Beeten über den sogenannten Crataegusweg in den Mittelteil mit den längs liegenden Beeten bis hin zum Senkgarten mit seinen schwungvollen Wegen wandeln kann. Dort laden ein Pavillon und zwei Rondelle zum Verweilen ein. Der mittlere Teil des Gartens ist vor allem den Rosen gewidmet, die einen wichtigen Teil der in der DDR gezüchteten Sorten ausmachen. Der Farbverlauf innerhalb des Rosengartens orientiert sich an der historischen Vorlage. Der Tee „Dresdner Rosengarten", der durch ein Patent geschützt ist, kann im Café Rosengarten in der Dresdner Altstadt genossen und erworben werden. Wer der Königin der Blumen hier die Audienz verweigert, verpasst etwas.

● Dresdner Rosengarten, Carusufer 10, 01099 Dresden
rosengarten-dresden.de
● ÖPNV: Haltestelle Rosa-Luxemburg-Platz

Ein ganz schöner Brocken

15

Dufterlebnis im Nationalpark Harz

Wer beim Wort „Harz“ nicht sofort den Geruch von Wald und Bäumen in der Nase hat, ist vielleicht erkältet. Wer aber wissen möchte, wie es dort wirklich riecht, sollte in den Nationalpark Harz fahren und das unvergleichliche Erlebnis einer Harzwanderung erleben, denn dort kann man nahezu endlos wandern. Während die Sonne durch die Bäume scheint und das Wild im Unterholz raschelt, genießt man hier weitab bewohnter Flächen eine fast urtümliche Natur, auch wenn diese sich sehr wechselhaft entwickelt hat.

Nachdem im Zuge des Erzbergbaus große Flächen entwaldet worden waren, forstete man das Gebiet später mit Gemeinen Fichten und Ebereschen wieder auf, was dem Nationalpark sein typisches Aussehen verleiht. Seit seiner Gründung überlässt man den Wald wieder seinem natürlichen Wachstum, wodurch sich langsam, aber sicher wieder andere Gewächse ansiedeln. Unerlässlich ist auch ein Besuch des Brockens, des mit 1141,2 Metern höchsten Bergs Norddeutschlands (obwohl er sehr mittig in Deutschland liegt). Eine Fahrt mit der seit 1899 operierenden Brockenbahn gehört zu den Dingen, die man unbedingt einmal mitgemacht haben sollte. Von der Spitze des Brockens – im Volksmund als „Blocksberg“ deutlich bekannter (der Name entstand im 15. Jahrhundert, als man hier einen Hexenversammlungsplatz vermutete, die Vorlage zu der 1980 von Elfie Donnelly erfundenen Hörspielserie „Bibi Blocksberg“) – kann man bei guten Bedingungen den Magdeburger Dom oder sogar die Rhön sehen.

Wer die Natur zu Fuß genießen will, hat hier 600 Kilometer Wanderwege zur Verfügung, die sich in leichten und schweren Strecken durch den Park ziehen. Über die Moore führen Bohlenpfade, Naturerlebnispfade reichen von den Laubwäldern in tieferen Lagen bis zu den Fichtenwäldern in der Mittellage und zur baumfreien Bergkuppe. Diese Vielseitigkeit ist es, die den Nationalpark Harz neben dem Geruch so einzigartig macht.

TIPP

Die mittelalterliche Altstadt von Goslar ist unbedingt einen Besuch wert, wenn man schon im Harz ist.

- Nationalpark Harz mit Besucherzentrum TorfHaus, Torfhaus 8, 38667 Altenau, Tel. (0 53 20) 33 17 90, nationalpark-harz.de
- ÖPNV: Haltestelle TorfHaus

Holla, der Parksee!

16

Ruheoase Bürgerpark Bremen

Als Stadtbewohner hat man es nicht immer leicht, etwas Grün zu finden, um sich aus dem Trubel des Alltags zurückzuziehen und umgeben vom Duft von Bäumen, Blumen und frisch gemähtem Gras ein wenig zu entspannen und die Seele baumeln zu lassen. Wenn die Gemeinde keine Parkfläche zur Verfügung stellt, muss man eben selbst aktiv werden, dachten sich die Bremer. So entstand im 19. Jahrhundert der Bürgerpark Bremen, mit dem das Bedürfnis der Einwohner der stetig wachsenden Stadt nach Erholung und Zerstreuung gestillt werden sollte. Ungewöhnlich ist, dass bis heute allein die Einwohner Bremens mit ihrem privaten Engagement für den Erhalt des Parks sorgen. Ein richtiger Bürger-Park eben!

Prachtvolle Eisvögel, scheues Wild, grasende Ziegen, blökende Schafe, emsige Bienen, quakende Frösche, majestätische Pfauen sowie watschelnde Enten stellen nur eine kleine Auswahl heimischer Tiere dar, die hier beobachtet werden können. Der Bürgerpark Bremen ist ein weitreichendes Naherholungsgebiet mitten in der Stadt, nur wenige Gehminuten vom Hauptbahnhof entfernt. Gewundene Wege und alte, mit Laternen gesäumte Brücken führen die Erholungsuchenden in die verschiedenen Bereiche der Anlage. Durch die weiten Wiesenflächen, farbenfrohen Beete, aber auch die kunstvoll gestalteten Hecken kann man schnell Abstand vom Alltagsstress nehmen. Das Ufer des im Zentrum künstlich angelegten Hollersees, in dessen Mitte sich eine gewaltige Fontäne erhebt, lädt zu einem Spaziergang mit Blick auf das 1872 erbaute Parkhotel ein.

Alternativ kann man den Bürgerpark auch auf dem Wasserweg erkunden. Während einer Bootsfahrt auf einem der kleineren Seen und Wasserläufe lassen sich zudem zahlreiche zartrosa Seerosen bewundern. Und am Nordende des Parks flaniert man durch einen üppigen, 1886 angelegten Laubengang aus Hainbuchen. Wer mehr Zerstreuung sucht als Schlendern und Bootfahren, kann sich an der Minigolfanlage, dem Bouleplatz oder dem Tiergehege für Groß und Klein erfreuen.

TIPP

Eine kleine Erfrischung kann man sich im ehemaligen Waldschlösschen (heute Waldbühne) gönnen.

● Bürgerpark Bremen, Bürgerpark, 28209 Bremen
buergerpark.de
● ÖPNV: Haltestelle Bürgerpark

Sommertraum

17 Inspirationen vom Gartenmarkt Rechberghausen

Zu den schönsten Dingen gehört es, im Sommer im eigenen Garten, auf der Terrasse oder dem Balkon zwischen duftenden, leuchtenden Blumen zu liegen und zu träumen. Das dachte sich auch die Gemeinde Rechberghausen und veranstaltet alljährlich im August unter dem Motto „Sommer – Blüten – Träumen" ihren Gartenmarkt. Veranstaltungsort ist der ortseigene Landschaftspark Grüne Mitte, wo während der 2-tägigen Veranstaltung über 100 Aussteller zusammenkommen, um die Besucher mit allem zu erfreuen, was dem Motto gerecht wird: von Gartendeko über selbst gemachte Handwerkskunst, Pflanzen, Setzlinge und Saatgut bis hin zu unzähligen regionalen und überregionalen Delikatessen, von Naturkosmetik und Einrichtungsideen für drinnen und draußen bis hin zu feingeistigen Getränken. Hobbygärtner, Naturliebhaber und Blumenfreunde finden hier gleichermaßen so einiges zum Thema „Garten und Wohnen", was man sich als Tipp, Inspiration oder schon fertig mit nach Hause nehmen kann.
Egal, ob Gräser, Rosen, Kräuter oder blühende Stauden, traditionelles Werkzeug für den Garten oder innovatives Hilfsmittel, hier wird alles angeboten. Dazu erlebt man den Austausch zwischen erfahrenen Gartenbesitzern, berufsmäßigen Experten und „Neulingen", die noch auf der Suche nach Tipps und Tricks sind. Das ausgestellte Kunsthandwerk und Mobiliar birgt Elemente von Keramik, Holz, Beton oder Glas, die Gartenmöbel sprühen vor Fantasie und Eleganz. Die Düfte der baden-württembergischen Gerichte dürften zu den Highlights des Besuchs zählen. Abends bietet sich die Möglichkeit, bei Livemusik zu entspannen und den Tag Revue passieren zu lassen.
Mit seinem reichen Angebot zieht der Gartenmarkt nicht nur Kunden zum Einkaufen an, sondern Jahr für Jahr auch zahlreiche Ausflügler, die hier bei bestem Wetter in stilvoller Umgebung gemeinsam mit anderen Naturfreunden den Sommer genießen und davon träumen, ihr heimisches Gartenreich zu veredeln.

● Gartenmarkt im Landschaftspark Grüne Mitte, Im Töbele, 73098 Rechberghausen
rechberghausen.de
● ÖPNV: Haltestelle Sonnenbrücke

Schweine am Empfang

18 Der Wildpark Schwarze Berge bei Hamburg

Wer einmal im Wildpark Schwarze Berge war, kennt das traditionelle Empfangskomitee: schwanzwedelnde Hängebauchschweine. Die bei Groß und Klein beliebten Stars des 50 Hektar großen Wildparks vor den Toren Hamburgs laufen frei im Eingangsbereich herum und schnüffeln nach Futter. Die naturgetreu konzipierte Parkanlage führt über Berge und Täler und vermittelt dabei das Gefühl, sich in freier Natur zu bewegen. Die Gewässer im Park geben die Palette möglicher Typen wieder: einen Talsee im Freigehege, einen Ententeich an der Kunsthandwerkerhalle, einen Storchenteich am Abenteuerspielplatz und einen Teich mit Wasserfall am Eingang des Parks. Der Waldbestand gliedert sich in zwei Drittel Nadel- und ein Drittel Laubbäume, angestrebt wird ein klimaresistenter Mischwald.

Vor allem Kinder lieben den Park, denn neben idyllischer Natur und einem riesigen Abenteuerspielplatz sind da noch die Bewohner: die Tiere! Und zwar jede Menge Tiere: Braunbären, Wölfe, Schafe, Hirsche, Dachse, Füchse, Frettchen, Störche, Mäuse, Ratten, Luchse und viele weitere Waldbewohner gibt es hier zu erleben. Ein Highlight ist die tägliche Flugschau, in der Adler, Eulen und Bussarde ihre Flugkünste unter Beweis stellen und dicht über den Köpfen der Zuschauer ihre Manöver fliegen. Selbstverständlich existiert auch ein Streichelgehege, wo vor allem Ziegen auf Streicheleinheiten warten. Gartenfans erfahren jede Menge über Streuobst und Bienen. Und für Abenteuerlustige gibt es besondere Angebote: eine Wildschweinsafari, eine Erlebnis-Rallye, diverse Tierfütterungen, Wettmelken, Tierkrimis oder Knochenkunde. Hoch hinaus geht es auf dem 45 Meter hohen Elbblickturm in der Parkmitte. Bei gutem Wetter kann man sogar bis nach Hamburg schauen. Der Wildpark versteht sich vor allem als Bildungsplattform, die Besuchern jeder Altersgruppe die Bedeutung der Wälder und Gewässer für das Gleichgewicht der Natur vermitteln möchte. Auch deshalb ist der Park ganzjährig geöffnet.

- Wildpark Schwarze Berge, Am Wildpark 1, 21224 Rosengarten, Tel. (0 40) 81 97 74 70, wildpark-schwarze-berge.de
- ÖPNV: Haltestelle Wildpark Schwarze Berge

Altehrwürdige Kräuterkunde

19 Im Kloster-Kräutergarten Himmelpfort

Mit geschlossenen Augen durch den kleinen Garten streifen, den Geruch von Kräutern in der Nase, das Knirschen des Kieses unter den Füßen, bevor man sich hinunterbeugt, um ein Blatt, eine Knospe oder eine Blüte der wohlschmeckenden Pflanzen abzuknipsen und sie für eine Tinktur oder ein Abendessen zu verwenden. Das ist nicht nur heute eine angenehme Vorstellung, sondern war es schon im Mittelalter, als die Kräuterzucht noch in den Händen der Klöster lag. Klostergärten stellen bis heute ein rätselhaftes Phänomen dar. Man weiß so gut wie nichts darüber, wie mittelalterliche Klostergärten aussahen. Es existieren kaum offizielle Dokumente über den Aufbau, nur zeitgenössische Bilder und einige Beschreibungen. Heutige Klostergärten sind daher immer nur Rekonstruktionen.

Im Kloster-Kräutergarten Himmelpfort werden von Mai bis Oktober jeden Dienstag Führungen und Workshops angeboten. Beim Besuch der Kräuterstraße erfährt man nicht nur viel über die kulinarische Eignung der Kräuter, sondern darf auch einen Strauß mitnehmen. Und die Kurse verlässt man mit selbst hergestellten Salben. Wer keine Pasten anrühren möchte, kann im Kräuterladen aus einem reichhaltigen Sortiment fertiger Produkte wählen. Übrigens: Die Tatsache, dass sich die Klöster früher selbst versorgen mussten, war überhaupt erst der Grund dafür, dass sie Gärten unterhielten. So waren Klostergärten anfangs vor allem für den Anbau von Nahrung dienlich. Da die Klosterbewohner auch wissenschaftlich arbeiteten, studierten und kopierten sie antike Texte über Heilkräuter. Um diese Forschungen fortzusetzen, züchteten sie die Kräuter selbst in ihren Gärten und bald boten viele Klöster Salben und andere Elixiere an, was schlussendlich zur Entstehung von Apotheken führte. Die leidenschaftliche Erforschung der Heilpflanzen sorgte auch dafür, dass zahlreiche Arten, die in unseren Breiten gar nicht heimisch sind, über das Klosternetzwerk aus dem Mittelmeerraum bis zu uns gelangten und später auch in unseren Gärten Verwendung fanden.

● Kloster-Kräutergarten Himmelpfort, Klosterstraße 9 a, 16798 Fürstenberg/Havel, Tel. (03 30 85) 7 02 02, kloster-kraeutergarten.de
● ÖPNV: Haltestelle Himmelpfort, Klosterstraße

Wer wedelt denn da?

20 Miniurlaub im Palmengarten Frankfurt

Kaum eine Pflanze wird in unseren Breiten so sehr mit Urlaub assoziiert wie die Palme. Ihr Anblick verheißt ferne Länder, weiße Strände und sonnengeküsste Promenaden. Doch man muss gar nicht weit reisen, um die Schönheit und vor allem die Vielfalt der Palmen zu bewundern. Der Palmengarten in Frankfurt am Main und sein Herz und Prunkstück, das Palmenhaus, das sogar noch älter ist und 1869 eineinhalb Jahre vor dem Palmengarten eröffnet wurde, lockt mit seinem exotischen Flair Tausende Besucher im Jahr an und präsentiert neben Petticoat-, Fischschwanz-, Betelnuss- und Bergpalmen auch Araukarien, Palm- und Baumfarne. Über einen sich an den Pflanzen entlangschmiegenden Weg flaniert man durch die Anlage, sodass keines der exotischen Gewächse übersehen wird. Im vorderen Teil des Palmenhauses befindet sich eine weitläufige Terrasse, im hinteren ein künstlicher Wasserfall, der sich in ein kleines Bassin mit Fischen ergießt. Eine Grotte mit Aquarien und einer darüberliegenden Empore samt Bachlauf runden das Gesamtensemble des Palmenhauses stimmungsvoll ab.

Laut Gartengründer Heinrich Siesmayer sollte das Palmenhaus sowohl ein Heim für exotische Pflanzen als auch ein Ort des Vergnügens für die Frankfurter Gesellschaft sein. Und genau das ist es bis heute geblieben, auch wenn sich die Gestaltung im Lauf der vergangenen 150 Jahre verändert hat. Das Gebäude aus Eisen und Glas wurde nach einem Patent der Pariser Weltausstellung von 1867 entworfen, die Konstruktion galt seinerzeit als bahnbrechend. Bis heute ist das Palmenhaus das größte seiner Art in Europa. Die offene Konstruktion ermöglicht die Pflanzung und Züchtung exotischer Bäume und lässt Besucher in scheinbar freier Landschaft im Sommer wie im Winter einen kleinen, palmengeschmückten Urlaub inmitten der Großstadt genießen.

TIPP

Das Blüten- und Schmetterlingshaus im Palmengarten lohnt den Besuch und bietet saisonale Ausstellungen.

- Palmengarten Frankfurt, Siesmayerstraße 63, 60323 Frankfurt am Main
  palmengarten.de/de/gaerten/palmengarten
- ÖPNV: Haltestelle Bockenheimer Warte oder Palmengartenstraße

Kunst-Verflechter

21 In der Flechtwerkstatt verflochtenes in Wolgast

Das Flechten ist vermutlich eine der ältesten Handwerkskünste der Menschheitsgeschichte. Man fand bereits kunstvoll geflochtene Körbe und Bänder, die vor 10.000 Jahren entstanden, sowie geflochtene Kleidung aus der Mittelsteinzeit – selbst Ötzi hatte Flechtwerk an Umhang und Schuhen. Diese Erfolgsgeschichte hat einen einfachen Grund: Flechten kann man mit fast überall auf der Welt vorkommenden nachwachsenden Materialien. Und während die Grundlagen des Flechtens leicht und schnell zu erlernen sind, kann man es doch zu einer herausragenden Kunstform perfektionieren und unglaublich viele nützliche und gleichzeitig schöne Dinge damit herstellen. Dass es sich dabei nicht immer nur um Körbe handeln muss, beweist das Angebot der Flechtwerkstatt verflochtenes.

TIPP
Von Wolgast sollte man einen Sprung auf die Insel zum Usedomer Gesteinsgarten in Neu Pudagla machen.

Diese organisiert in Wolgast, der Kleinstadt, von der aus man über die Peenebrücke auf die wunderbare Insel Usedom übersetzt, Kurse, in denen man in entspannter Atmosphäre an der frischen Luft lernt, wie man Rahmen- und Wickelkörbe oder auch schönen und nützlichen Gartenschmuck flicht, zum Beispiel Vogelhäuschen, Rankgestelle oder Aufhängungen für Meisenknödel. Und auch wenn man nur etwas Hübsches für den Garten basteln möchte, lohnt sich ein Kurs, in dem man kleine Segelschiffchen fertigt oder – besonders schön in der Vorweihnachtszeit – Engel, Weidentannen oder Sterne.

Das Angebot beinhaltet nicht nur eine breite Palette an Flechtprodukten, sondern richtet sich neben Einzelpersonen auch an Familien, Kitas, Horts und Schulen, Senioren und Firmen, die eine Idee für ein Event suchen. Für Auswärtige gibt es sogar eine kleine Übernachtungsmöglichkeit. In den Sommermonaten ist die Inhaberin Anja Müller aber auch oft mit dem Flechtmobil in der Region unterwegs und stellt das pommersche Flechtkulturerbe zu festen Terminen direkt vor Ort vor.

- Flechtwerkstatt verflochtenes, Schusterstraße 27, 17438 Wolgast, Tel. (01 76) 57 62 49 09, verflochtenes.de
- ÖPNV: Haltestelle Hafen

Schwankende Aussichten

22 Der Höhenpark Killesberg in Stuttgart

Ein bisschen schwindelfrei sollte man sein, wenn man den Höhepunkt des Höhenparks Killesberg in vollen Zügen genießen will. Denn am höchsten Punkt des Parks steht der Killesbergturm, der sich durch seine gewagte Architektur auszeichnet: Die vier durch Wendeltreppen verbundenen Ebenen des Turms hängen in einem Geflecht aus Stahlseilen – ein gewisses Schwanken des Bodens gehört hier also dazu. Wer den Aufstieg schafft, wird mit einer atemberaubenden Aussicht über die Stadt und die Schwäbische Alb belohnt. Und wer die Wetterfahne auf dem Turm genau anschaut, erkennt darin das sogenannte „Grüne U", wie sich der 8 Kilometer lange Grünstreifen aus mehreren miteinander verbundenen Parks in und um Stuttgart nennt.

Der Höhenpark Killesberg zu Füßen des Turms ist dabei der vielseitigste und begeistert mit zahlreichen farbenfrohen Blumenbeeten, die je nach Jahreszeit ganz eigene Akzente setzen: Krokusse, Blausternchen, Anemonen, Winterlinge, Tulpen, Narzissen, Hyazinthen, Stiefmütterchen, Vergissmeinnicht und Goldlack. Darüber hinaus blühen mehr als 40 Primelarten, Begonien, Ziersalbei, Polsterstauden und Rosen. Baumliebhaber entdecken hier weiße Magnolien, einen prachtvollen Taschentuchbaum, Robinien, Eiben und Buchsbäume. Abgestorbene Bäume behalten ihren Platz im Park, um Spechten und Insekten einen Lebensraum zu bieten.

TIPP

Immer Ende Juli findet hier das große Lichterfest statt, das mit faszinierenden Lichtshows aufwartet.

Wer mag, erkundet das Gelände mit der rund 2 Kilometer langen Parkbahn. Ebenfalls einen Höhepunkt bildet die jährliche Dahlien-Show, die mit 10.000 Blumen eine der größten Deutschlands ist – am letzten Ausstellungstag werden diese zu Sträußen gebunden und für einen guten Zweck verkauft. Und den altmodischen Jahrmarkt, der im Sommer unter dem Killesbergturm stattfindet und einen direkt in die vergangenen Zeiten der Schaustellerzunft zurückführt, sollte man sich auch nicht entgehen lassen.

● Höhenpark Killesberg, Stresemannstraße, 70192 Stuttgart
stuttgart.de/leben/natur/parklandschaften
● ÖPNV: Haltestelle Pragsattel oder Killesberg

Queen Victoria gefiel's

23 Der Schlosspark Rosenau in Coburg

Als ob Coburg nicht ohnehin schon jeden Besuch lohnen würde, befindet sich hier auch noch einer der schönsten Schlossgärten der Region, der sogar königliches Blut begeisterte. Kein Wunder, sind doch auf den 200 Hektar neben dem großen Wiesental im Zentrum, das sich an das Schloss anschmiegt, noch weitere sehenswerte Elemente zu bestaunen. Im nördlichen Teil liegt der Schwanenteich, benannt nach den schwarzen Trauerschwänen, die heute noch hier rasten. Umgeben ist der Teich von Trauerweiden, welche die ernste und ruhige Atmosphäre noch verstärken.

Wer weiter durch den stillen, nur von leisem Vogelgesang erfüllten Park schlendert, entdeckt Reste der alten Gartenarchitektur. Zum Beispiel die Eremitage oder eine alte Felsengrotte mit einem kleinen Wasserfall, eine Turniersäule, eine Sonnenuhr und natürlich die Orangerie, die heute für Veranstaltungen genutzt wird. Auf den vielen noch erhaltenen Steinbänken, die sich über das Gelände verteilen, lässt es sich gut rasten und entspannen und eine der schönen Sichtachsen genießen. Das Restaurant im einstigen Teehaus sorgt für das leibliche Wohl und offeriert alles, was einem nach einem langen Spaziergang wieder zu neuen Kräften verhilft. Die Weitläufigkeit des Parks beeindruckt ebenso wie die vereinzelt liebevoll angelegten Beete, in denen vor allem eine Vielzahl verschiedenfarbiger Rosen ihre Schönheit und ihren Wohlgeruch zum Ausdruck bringt.

Ein Besuch empfiehlt sich zu jeder Jahreszeit, im Herbst etwa erblüht der Schlosspark in den sattesten Rot-, Gelb- und Brauntönen. Und wenn man vor Ort ist, kann man auch einen Blick ins Schloss werfen, denn das erhielt 1845 nach dem Besuch von Queen Victoria und ihrem Gemahl Prinz Albert in den Erinnerungen der Königin eine besondere Auszeichnung: „Wäre ich nicht, was ich bin, hätte ich hier mein wirkliches Zuhause."

● Schlosspark Rosenau, Rosenau 1, 96472 Rödental
schloesser-coburg.de
● ÖPNV: Haltestelle Rosenau oder Bahnhof Rödental, ca. 1,5 Kilometer Fußweg

Moderne Tradition

24 Japanischer Garten in Leverkusen

Manchmal finden sich Paare, die auf den ersten Blick so gar nicht zusammenzupassen scheinen. Wer hätte zum Beispiel gedacht, dass sich einer der schönsten Gärten mit jahrhundertealter traditioneller japanischer Gartenkunst ausgerechnet auf dem Gelände eines der modernsten Chemie- und Pharmakonzerne Deutschlands befindet: der Japanische Garten im CHEMPARK Leverkusen.
Japan ist seit Jahrhunderten für seine Gartenbaukunst bekannt, denn dort vermischt sich die beruhigende und entspannende Arbeit an den Pflanzen mit dem Bedürfnis, einen Ruheraum zu schaffen, in dem die Seele wieder zu Kraft kommen kann. Der Glaube, dass Geist und Natur untrennbar miteinander verbunden sind und in entsprechend gestalteten Gartenanlagen zu einer wohlklingenden Einheit werden, ist tief verwurzelt und der Grund dafür, dass japanische Gärten auf aller Welt beliebt sind – selbst im Industriegebiet.
Statt Chemie und Industrie hat man hier die Möglichkeit, Japans über Jahrhunderte gewachsene Liebe zur Gartenkunst in beeindruckender Vielfalt zu erleben. Elegante Pflasterwege mit Steinlaternen, Brücken in traditioneller Bauweise, Torbögen im Torii-Stil und ein chinesisches Teehaus laden ebenso zum Staunen ein wie ein Teich mit Koi-Karpfen und Schildkröten, die Mikadobrücke und natürlich zahlreiche Gewächse, darunter Mammutbäume, Papyrus, Chrysanthemen und Goldahorn, die vor allem im Frühling ein einzigartiges und exotisches Farbenspiel versprechen. Eine Reihe von Bronzeplastiken mit fernöstlichen Motiven musste 2013 nach mehreren Diebstählen bedauerlicherweise entfernt werden. Trotzdem bietet der Park eine elegante, stilvolle Atmosphäre für Spaziergänger, Japanliebhaber und Hobbyfotografen und ist kostenlos zugänglich. Die Öffnungszeiten variieren je nach Jahreszeit.

● Japanischer Garten Leverkusen, Kaiser-Wilhelm-Allee, 51373 Leverkusen
bayer.com/de/de/japanischer-garten-leverkusen
● ÖPNV: Haltestelle CHEMPARK

Im Großstadtgarten

25 Urban Gardening im Garten der vhs ökostation

Eine der großen städtebaulichen Entwicklungen der letzten Jahrzehnte beruht auf der immer stärker werdenden Leidenschaft für Urban Gardening. Das Grundkonzept: Auch im dichtesten Betondschungel ist Platz für jede Menge Grün. Egal, ob Balkon, Dachterrasse oder Gemeinschaftsgarten – auch ohne weitläufiges Gelände kann man mit ein wenig Know-how im, am und vorm Mehrfamilienhaus oder in der Wohnsiedlung den grünen Daumen nutzen.

In Stuttgart gibt es beispielsweise den Mitmachgarten der vhs ökostation im Wartbergpark östlich des Höhenparks Killesberg (Glücksort 22). Dort haben Interessierte die Möglichkeit, mitten in der Stadt über den ganzen Jahresverlauf hinweg in einem Naturgarten aktiv zu sein. So lernt man auch oder gerade als Stadtmensch alles Nützliche und Wichtige über die Arbeit mit Gartenpflanzen. Die Pflege von Obstbäumen, Beeren und Kräutern oder der Gemüsebeete steht ebenso auf dem Programm wie eine kleine Kunde über Gartennützlinge, Fruchtfolgen oder den Einsatz biologischer Dünger. Lohn der Arbeit, die sowohl von Neulingen wie erfahrenen Gartenfreunden, von Kindern, Erwachsenen oder Familien geleistet werden kann, sind neben der naturnahen Betätigung auch immer Teile der saisonalen Ernte für den eigenen Haushalt.

Zusätzlich zum Mitmachgarten bietet die vhs ökostation noch eine Reihe weiterer spannender Seminare und Kurse – neben Yoga und einem gemütlichen Beisammensein beim Herbstleuchten oder weihnachtlichem Basteln gibt es auch ganz praktische Möglichkeiten, mehr über den Schnitt von Obstbäumen und Ziergehölzen sowie über das Räuchern, die Nutzung des Balkons oder sogar Vogelbeobachtung zu erfahren. Das zeigt die sozialen und kommunalen Vorteile des Urban Gardenings: Es bringt die oft anonym lebenden Stadtmenschen näher zusammen, vermittelt einen nachhaltigen Zugang zur Gartenkultur und erlaubt den Genuss selbst angebauter, gesunder und vielfältiger Lebensmittel.

- Ökostation der vhs stuttgart, Wilhelm-Blos-Straße 129, 70191 Stuttgart
vhs-stuttgart.de/vhs-oekostation
- ÖPNV: Haltestelle Löwentorbrücke

Spalier am Empfang

26 Wasserfreuden im Nordpark in Düsseldorf

Wer zwischen den beiden Pferdestatuen hindurch den Düsseldorfer Nordpark von der Kaiserswerther Straße aus betritt, dürfte sich sehr schnell sehr adelig fühlen, denn als Empfangskomitee erwartet einen ein schier endloses, in die Ferne verlaufendes Becken mit einer Reihe prachtvoller Wasserfontänen, die zur Begrüßung Spalier stehen – ein Anblick, der vor allem bei Sonnenuntergang überwältigend ist.

Überhaupt verfügt der Park über zahlreiche außerordentliche Sichtachsen. Wer hier zur Ruhe kommen will, sollte das also mit offenen Augen tun – und gegebenenfalls einen Fotoapparat mitbringen. Über breite Wege geht es an ausladenden, von Bäumen gesäumten Rasenflächen vorbei und zu farbenfrohen, der Jahreszeit entsprechend bepflanzten Blumenbeeten, zwischen denen Insekten herumflitzen. Zu den schönsten gehört das kreisrunde Beet am Ballhaus, das mit kräftigen, in der Sonne leuchtenden Farben eine kleine Wiese umrahmt, auf der es sich herrlich entspannen und lesen lässt. Weiter im Nordwesten liegt der Japanische Garten am Rhein an einem idyllischen Teich, in dem man Karpfen beobachten kann, die träge durchs funkelnde Wasser gleiten, und an dessen Ufer neben einer nur symbolisch errichteten Anlegestelle Fächerahorne und Schwarzkiefern in die Höhe ragen. Ein weiteres Prunkstück von Düsseldorfs schönster Parkanlage ist der Seerosengarten. Wer sich zu einer Rast zwischen den steinernen Säulen auf eine der Bänke setzt, kann hier stundenlang aufs spiegelglatte Wasser des eingefassten Teichs schauen und in der Spiegelung des Himmels versinken.

Neben der wunderbar verspielt gestalteten Natur gibt es im Nordpark auch einiges an Kunst zu entdecken. Überall stehen verschiedene Statuen und Plastiken herum, die den Besucher in ihren Bann ziehen, während das Wasserbecken von einem halben Dutzend Skulpturen gesäumt wird, die alte Berufsstände darstellen.

● Nordpark, Kaiserswerther Straße, 40474 Düsseldorf
duesseldorf.de/stadtgruen/park/nordpark
● ÖPNV: Haltestelle Nordpark/Aquazoo

Der Doktor ist im Haus

27 Die Pflanzenbörse in Kassel

In der Regel verbindet man Tausch- und Verkaufsbörsen eher mit Kleidung oder Briefmarken. Doch auch im Gartenbereich wird diese Veranstaltungsform immer beliebter. Dort findet man nicht nur neues, farbenfrohes Material für den eigenen Garten, sondern auch jede Menge Gleichgesinnte. Ausgangspunkt der Börse war ein einfacher, aber häufig aufkommender Gedanke: Was soll man mit all den Pflanzen anstellen, die sich so eifrig im eigenen Garten ausbreiten, dass für sie eigentlich gar kein Platz mehr ist? Entsorgen ist keine Option! So entstand die Idee für die zweimal jährlich – im Frühling und im Herbst – stattfindende Pflanzenbörse im Botanischen Garten in Kassel, auf der man zum Beispiel „überflüssige" Pflanzen aus dem heimischen Garten zum Marktplatz bringen und abgeben oder tauschen kann.

Doch die Börse hat noch mehr zu bieten: Regionale Gärtnereien, Baumschulen, Hobbygärtner und Töpfer ergänzen das vielfältige Angebot und ermöglichen einen Einblick in die abwechslungsreichen Gartenfreuden. So kann neben dem Pflanzentausch auch das Wissen rund ums Thema Gartenbepflanzung erweitert und ausgebaut werden. Die im Botanischen Garten Kassel tätigen Vereine, zum Beispiel die Kakteenfreunde „Friedrich Ritter" oder die Gesellschaft der Staudenfreunde, sind regelmäßig mit Ständen vertreten. Aber auch überregionale Vereinigungen wie die Deutsche Orchideen-Gesellschaft oder die Hessische Gartenakademie sind stets gern zu Gast.

Die Hessische Gartenakademie bietet darüber hinaus einen besonderen Service an: Mit ihrem Pflanzendoktor steht sie vor Ort allen Ratlosen oder Verzweifelten zur Verfügung, um drängende Fragen zur Pflanzenpflege und Gesundheit der kleinen Gewächse fachmännisch zu beantworten. Im Herbst ist außerdem der Pilzberater dabei. Diesem kann man seine gesammelten Pilze vorlegen und sich informieren und beraten lassen – und sie notfalls direkt als Anschauungsmaterial dortlassen, wenn man sie plötzlich doch nicht mehr in die Pfanne schmeißen möchte.

- Pflanzenbörse im Botanischen Garten Kassel, Bosestraße 15, 34121 Kassel
  botanischer-garten-kassel.de
- ÖPNV: Haltestelle Park Schönfeld, ca. 900 Meter Fußweg

Verschlafenes Örtchen

28 Der Rosengarten Sababurg

Alle Märchen und Legenden haben ihren Ursprung, und wenn man der Geschichte glauben will, dann befindet sich mit der berühmten Sababurg einer davon mitten im Naturpark Reinhardswald. Mit ihren pittoresken Türmen, den hellen Mauern und dem eleganten, gut gepflegten Rosengarten soll sie die Inspiration für das vielleicht bekannteste aller Märchenschlösser sein – das 100 Jahre lang schlafende Schloss von Dornröschen.

In dem das Schloss umgebenden Rosengarten entdeckt man neben Kletterrosen und in Gruppen gepflanzten Rosen vor allem alte Sorten, deren Formen, Farben und Düfte den verwunschenen, altmodischen Stil des Gemäuers unterstreichen, etwa Mairöschen, Petite de Hollande oder Apothekerrosen. Am Ostturm rankt sich eine riesige Kiftsgate-Kletterrose aus dem Himalaja empor. Und der Rosenbogen am östlichen Ausgang bietet nicht nur für die vielen Brautpaare, die sich hier das Jawort geben, ein prunkvolles Motiv. Wer den Rosengarten erlebt, mag gerne glauben, dass hier ein Quell der Inspiration sprudelt, nicht nur wegen der märchenhaften Atmosphäre und Aussicht, sondern auch, weil man hier ganz offen mit dem Bezug zum berühmten Märchen umgeht. So laden jeden Sonntag Dornröschen und der Prinz zur Audienz in den Palas, also den ehemaligen Rittersaal des Schlosses, und erzählen das Märchen nach.

Erbaut wurde die Burg ab 1134. Sie diente vor allem als Schutzort für Pilger auf dem Weg zur nahen Wallfahrtsstätte Gottsbüren. Nach dem Dreißigjährigen Krieg wurde sie stark beschädigt und war bald von einer hohen Dornenhecke umrankt, was wohl die Inspiration für das Märchen der Brüder Grimm war und der Burg den Spitznamen „Dornröschenschloss" einbrachte. Zum Glück wird die Anlage seit einigen Jahren umfassend saniert und vor allem der Rosengarten erstrahlt nun trotz einiger Dornen in einer sehr viel angenehmeren Pracht. Zum Einschlafen ist der Besuch hier ganz bestimmt nicht!

- Rosengarten Schloss Sababurg, Sababurg 12, 34369 Hofgeismar
  naturpark-reinhardswald.de
- ÖPNV: Haltestelle Sababurg, Tierpark, ca. 600 Meter Fußweg

Hortus heilsam

29 Im Apothekergarten der Universität Leipzig

Fragt man seine Mitmenschen, womit sie bei Wehwehchen und Zipperlein Abhilfe schaffen, nennen sie nicht selten Kräuter, die die Genesung unterstützen, indem sie ein Magendrücken lindern oder Entzündungen schneller abklingen lassen: Kamille, Salbei und Pfefferminze, um nur einige der heilsamen und wohlduftenden Pflanzen zu nennen. Doch die Kunst, Heilpflanzen und -kräuter zu züchten und zu heilenden Pasten, beruhigenden Tees oder lindernden Tinkturen zu vermischen, ist seit Jahrhunderten eine echte, bis heute beliebte Kunst. Obwohl moderne Herstellungsanlagen und pharmazeutische Großkonzerne die einstige Handwerkskunst längst abgelöst haben, üben Apotheker- und Kräutergärten eine ungebrochene Faszination auf die Menschen aus. Der Botanische Garten der Universität Leipzig beherbergt ein solch lehrreiches Refugium.

Der Botanische Garten entstand vor rund 450 Jahren aus einem früheren Hortus Medicus, einem Heilpflanzen- oder Apothekergarten. Die dort kultivierten Pflanzen sind vor allem nach ihren Wirkstoffen geordnet. An Kräutern Interessierte können durch die verschieden angelegten Beete und Gärten auf den Spuren der legendären Heilkundlerin Hildegard von Bingen wandeln. Im vorderen Bereich findet sich ein kleiner, nach historischem Vorbild konzipierter Garten mit Arznei-, Nahrungs- und Zierpflanzen, die bereits vor vier Jahrhunderten in Mitteldeutschland angebaut wurden. Hinter der Pergola liegt der moderne Apothekergarten. Auf kleinen Schildern sind kurze Informationen zu den einzelnen Wirkstoffen der Pflanzen zu lesen. Die größeren Schautafeln vermitteln leicht verständlich Wissenswertes über therapeutische Anwendungsgebiete einiger besonders wichtiger Pflanzeninhaltsstoffe. Da bekommt man schnell Lust, selbst Heilkräuter zu züchten und sich ihre Wirkung zunutze zu machen.

TIPP

Der Duft- und Tastgarten bietet sehbehinderten Menschen eine Fülle von Eindrücken.

● Apothekergarten im Botanischen Garten der Universität Leipzig, Linnéstraße 1, 04103 Leipzig, lw.uni-leipzig.de/botanischer-garten
● ÖPNV: Haltestelle Liebigstraße oder Ostplatz

Grün und andere Lichter

30 Industriecharme im LAPADU in Duisburg

Duisburg wartet mit einem außergewöhnlichen Naherholungsgebiet auf, in dem sich Industriechic, Natur und abends ein fast magisches Lichtspektakel vereinen. Der Landschaftspark Duisburg-Nord, von den Bewohnern der Umgebung gerne auch LAPADU genannt, befindet sich auf dem Grundstück des ehemaligen Hüttenwerks Duisburg-Meiderich. Dieses wurde Mitte der 1980er-Jahre stillgelegt und anschließend für einen Architekturwettbewerb ausgeschrieben. In den 1990er-Jahren wurden die noch stehenden Hallen, Gebäude und das Außengelände umgestaltet und 1994 wieder eröffnet. Im ehemaligen Gasometer kann man heute Tauchkurse machen. Der Hochofen 2 wurde in einen Kletterparcours verwandelt und der Hochofen 5 fungiert als Aussichtsturm auf 70 Metern Höhe. Es gibt Biergärten, ein Open-Air-Kino und zahlreiche Führungen.

Im starken Kontrast dazu steht der Grünbewuchs des 180 Hektar großen Geländes. Auf dem nährstoffarmen, trockenen Boden finden sich viele Pflanzen, die ein warmes Klima bevorzugen, dazu Stauden und erste Vorwälder. Im Ruhrgebiet nennt sich das „Industrienatur", die hier, von der Parkverwaltung aufmerksam beobachtet, gut gedeiht und gepflegt wird und dem Park sein einzigartiges Aussehen verleiht. Dieses kann man auf den kilometerlangen Spazier- und Wanderwegen rund um das Gelände genießen, gerne auch mit dem Rad, das man sich im Park ausleiht.

Seine wahre Magie enthüllt der Ort jedoch, wenn es dunkel wird. Dann nämlich erstrahlt die einzigartige und berühmte, von Jonathan Park installierte Lichtshow und all die verwinkelten Bauten des Hüttenwerks werden in prächtige Farben getaucht. Diesen Anblick sollte man unbedingt einmal genießen und erleben, entweder auf eigene Faust oder bei einer geführten Nachtwanderung über das Areal. Auf jeden Fall wird man keinen zweiten Park finden, der Industrie, Natur und farbigen Lichtzauber so vereint wie der LAPADU.

● Landschaftspark Duisburg-Nord, Emscherstraße 71, 47137 Duisburg
landschaftspark.de
● ÖPNV: Haltestelle Landschaftspark Nord

Sorgenfrei wandeln

31 Durch den Schlosspark Sanssouci in Potsdam

Sans souci, „frei von Sorge“ – so sollten auf Wunsch Friedrichs des Großen alle Gäste und Bewohner der prächtigen Schlossanlage sein. Und auch heute noch bietet die Parkanlage die Möglichkeit, bei einem Spaziergang alle Sorgen zu vergessen und sich an der Schönheit der Anlage zu erfreuen.

1747 im Friderizianischen Rokoko erbaut, diente das Schloss dem „Alten Fritz“ als Lieblingssommersitz und beeindruckt mit seiner außergewöhnlichen Bauweise und Gartenarchitektur. So thront der Bau auf sechs Weinbergterrassen, die treppenförmig zu einem weitläufigen Park hinabführen und das Herzstück der Gartenanlage bilden. Am Ende der Stufen befindet sich ein Bassin mit einer prächtigen Wasserfontäne, der größten der insgesamt 36 Fontänen des Parks. Der Blick vom Bassin hinauf zum Schloss mit seinem üppigen pflanzlichen Dekor ist schier atemberaubend sowie weltberühmt und allein schon den Besuch wert.

Seit 1990 ist die Anlage UNESCO-Welterbe. Das prächtige Parterre am Fuß des Schlosses wird zweimal im Jahr nach historischem Vorbild mit über 230.000 Pflanzen geschmückt. Der Park imponiert mit seiner Weitläufigkeit, die 300 Hektar haben eine Ost-West-Ausdehnung von mehr als 2 Kilometern. Die ausgewiesenen Rundgänge präsentieren einem die Anlage von ihrer besten Seite, mit formvollendeten Gartenpartien, Wasserspielen, Blumenbeeten, kunstvoll gestutzten Hecken, 26.000 alten Bäumen und großen Wiesenflächen, die zum Rasten einladen. Nicht zu vergessen die über 1000 Skulpturen, die dem Besucher auf seiner Erkundungstour Gesellschaft leisten und dabei stumm von der beeindruckenden Geschichte der Schloss- und Gartenanlage erzählen. In so angenehmer Gesellschaft, in so herrlichem Ambiente kann man seine Sorgen wirklich schnell – wenigstens für eine Weile – vergessen.

TIPP

Das größte Gebäude auf dem Gelände ist die Orangerie, deren Raffaelsaal man unbedingt besuchen sollte.

- Schlosspark Sanssouci, Maulbeerallee, 14469 Potsdam
spsg.de/schloesser-gaerten/objekt/park-sanssouci
- ÖPNV: Haltestelle Schloss Sanssouci

Zur Besinnung kommen

32 Der Garten der Sinne bei Passau

Die Parks und Gärten der Drei-Flüsse-Stadt Passau und ihrer Umgebung sind für ihre Vielseitigkeit, Landschaftsführung und Artenvielfalt bekannt. Es gibt große, prächtige Schlossgärten und Parkanlagen, aber auch hübsche Themengärten zu erkunden. Zu Letzteren gehört der kleine, aber feine Garten der Sinne in Passau. Hier verbergen sich ein 4 und ein 8 Kilometer langer Wanderweg rund um den Eginger See. Der Garten fügt sich in die Tradition der facetten- und themenreichen Erlebniswelten der Passauer Hochlandschaften ein und bietet neben der reinen Natur auch allerlei Interessantes rund um das Thema Wald. Die mit viel Liebe zum botanischen Detail kreierte Anlage wartet dabei mit rund 20 Stationen auf, an denen es einiges zu entdecken gibt – und zwar für alle Sinne! Neben einem Baumtelefon, einem Kneippbecken, einem Yang-Platz mit Blick auf den angrenzenden See und einem ausgewiesenen Bewegungs- und Entspannungsbereich mit Ruhe- und Liegebänken gibt es auch eine Windharfe, deren sanfte Töne dazu einladen, die Gedanken schweifen zu lassen und vielleicht ein bisschen zu träumen.
Die Vielfalt der Natur sowie die landschaftlichen Besonderheiten werden hier auf mannigfaltige Art erlebbar gemacht. Entlang des Wanderwegs an der Uferpromenade findet man immer wieder Gelegenheiten, sich im kristallklaren See abzukühlen, sich treiben zu lassen oder zu schwimmen, bevor es wieder zurück in die Schönheit des Walds mit all seinen Kostbarkeiten geht. Die kurze Strecke eignet sich besonders für Familien mit Kindern, die hier so einiges testen und anfassen dürfen, viel Wissenswertes erfahren und hautnah erleben. Ganz spielerisch und abwechslungsreich werden sie dabei an die Welt des Walds herangeführt. Die Wanderrouten sind gut ausgeschildert und begleiten die Besucher während ihrer Tour durch die Natur.

● Garten der Sinne, Mühlbergstraße 5, 94535 Eging am See
passauer-land.de/attraktion/garten-der-sinne
● ÖPNV: Haltestelle Abzweigung Kurhaus

Zarte Wiesen

33

Bunt betupftes Grün im Arboretum Ellerhoop

Ursprünglich als Baumpark geplant, umfasst das Arboretum in Ellerhoop heute viel mehr und ist ein beliebter Anlaufpunkt für Baum-, Sträucher- und Wiesenfans. Ein Herzstück des Gartens sind die farbenprächtigen Wiesenlandschaften, die unterschiedliche Schwerpunkte aufweisen. Die größte Wiese des Geländes imponiert vor allem im Frühling mit ihrer Blütenpracht. Ende April erstrahlt hier über eine halbe Million weißer Dichternarzissen und bietet Mensch und Tier ein einzigartiges Refugium naturbelassener Schönheit und Entspannung. Ihr angeschlossen ist eine weitere blühende Wiesenlandschaft, in der es summt und brummt, wenn zahllose Insektenarten den Lebensraum füllen. Aber auch bedrohte und einst für unsere Wiesen viel typischere Lebewesen haben im Arboretum ein neues Zuhause gefunden: Kamille, Kornblumen und leuchtender Klatschmohn blühen um die Wette und unzählige Kräuter, die mittlerweile fast gänzlich von unseren Wiesen verschwunden sind, betupfen das Grün. Mit viel Glück und Aufmerksamkeit entdeckt man vielleicht sogar eine Zauneidechse, die sich zu verstecken versucht. Aufgrund der Lieblingsfarbe des aktuellen Leiters faszinieren hier vor allem im Juni 20.000 leuchtend blaue Wiesen-Iris. An vielen Stellen des Gartens kann man in größeren und kleineren Sitzgruppen entspannen und die anderen Besucher beobachten. Eine besondere Attraktion des Gartens ist in der Baumerlebniswelt des Arboretums zu entdecken. Dort steht die weltweit einzige Nachbildung des General Sherman Tree, eines Berg- oder Riesenmammutbaums im Giant Forest des Sequoia-Nationalparks in Kalifornien, der mit 1900 bis 2500 Jahren als ältester lebender Baum der Erde gilt. Der Stamm des General Sherman Tree wurde eigens für das Arboretum bis in 11 Meter Höhe im Maßstab 1:1 modelliert. Imposant!

TIPP

Der Wasserwald im Arboretum fasziniert an klaren Tagen mit seinen Spiegelungen.

- Arboretum Ellerhoop, Thiensen 4, 25373 Ellerhoop
  arboretum-ellerhoop.de
- ÖPNV: Haltestelle Arboretum, ca. 800 Meter Fußweg

Wilde Gemütlichkeit

34 Im Nationalpark Vorpommersche Boddenlandschaft

Der Darß gehört zu den mit Abstand schönsten Naturlandschaften Deutschlands, was allein Grund genug ist, einmal hinzufahren. Was der Nationalpark Vorpommersche Boddenlandschaft zu bieten hat, versüßt den Weg umso mehr. „Bodden" bezeichnet übrigens das flache, lagunenartige Wasser der südlichen Ostsee, das von langen Inseln und Halbinseln durchzogen ist. Und über die Hälfte des drittgrößten deutschen Nationalparks liegt auf der offenen Ostsee. Dadurch verfügt der Nationalpark über weite Wattflächen – wobei im Gegensatz zur Nordsee das Watt hier nicht durch die Gezeiten, sondern als sogenanntes Windwatt durch starke Landwinde freigelegt wird. Das ermöglicht, in wildurtümlichem Küstenbewuchs Kegelrobben, Seehunde und gelegentlich auch einen Schweinswal zu erspähen, während die berühmten Kraniche durch das Wollgras staksen.

An Land wird der Park von Wäldern beherrscht, die durch den Wind und den typischen Meeresduft eine einzigartige Atmosphäre verströmen, sodass man gar nicht mehr wegwill. Zum Glück kann man hier reichlich Zeit verbringen. Egal, ob beim Wandern, Radeln, Reiten oder bei einer Kutschfahrt, der Nationalpark lässt sich auf vielseitige Weise erkunden, wobei vor allem in den Kernschutzzonen absolutes Wegegebot gilt, wie verlockend ein kleiner Abstecher ins Moor auch erscheinen mag.

Wild campen darf man im Park nicht, denn die nachtaktiven Wildtiere sollen ungestört bleiben, allerdings gibt es etliche ausgewiesene Flächen und Hotels, denn niemand kann diese prachtvolle Landschaft an nur einem Tag in ihrer Gänze erkunden. Und Geduld lohnt sich: Oft kann man auch am helllichten Tag Wildschweine, Füchse oder sogar Rehe und Hirsche beobachten, mit etwas Glück sogar ohne Fernglas. Und falls man seine Rast besonders entspannend gestalten möchte: Anders als die Wildtiere darf man die Fische in bestimmten Bereichen füttern. Und ja, an dem Futter dürfen sogar ein Haken und eine Angelschnur hängen.

- Naturpark Vorpommersche Boddenlandschaft, Im Forst 5, 18375 Born am Darß
nationalpark-vorpommersche-boddenlandschaft.de

Gemeinsam ist schöner

35 Die GartenWerkStadt in Marburg

Gärtnern ist oft ein einsames und häusliches Hobby. Dass es auch anders geht und man auch gemeinschaftlich und kommunal gärtnern kann, zeigt das Projekt der GartenWerkStadt im schönen hessischen Marburg. Seit 2012 führt man hier Projekte mit dem Ziel durch, Räume zu eröffnen, bei denen Gärtnernde sich mit landwirtschaftlichen Aspekten und gesunder Ernährung auseinandersetzen und das Gelernte für sich anwenden können. Dabei wird nicht nur Wert auf die Vermittlung praktischer Inhalte des ökologischen Anbaus gelegt, sondern es werden auch Diskussionen und die Weitergabe von Wissen der Gärtnernden untereinander gefördert. Das Angebot ist vielfältig: So werden Gemeinschaftsgärten wie der Gesundheitsgarten betrieben, in denen in vier Gruppen insgesamt etwa 70 Menschen jeden Alters gärtnern, Erfahrungen sammeln und vor allem Erlerntes ausprobieren. Hinzu kommt ein tolles Angebot für Kinder: Im Sommer können Kindergartengruppen und Grundschulklassen die GartenWerkStadt aufsuchen und mit Anleitung gärtnern und kochen.
Aber das ist noch nicht alles. Es gibt vor Ort auch Workshops zu bestimmten Themen, wie zum Beispiel Torf und seine sinnvolle Verwendung im Garten, Jungpflanzenzucht oder organische Düngung. Zur Befriedigung kultureller Bedürfnisse finden das Gartenkino sowie Konzerte und Vorträge zu landwirtschaftlichen Themen statt, aber auch Erntefeste, bei denen die Früchte der harten Arbeit genossen werden. Um dem Facettenreichtum des Themas Garten gerecht zu werden, greift sich die GartenWerkStadt auch immer wieder einzelne Themen heraus, die im Rahmen einer jährlichen Ausstellung vorgestellt und genauer beleuchtet werden. Diese klingt dann im Herbst mit einer Finissage, einem gemütlichen Gartennachmittag und Biaköstlichkeiten der Region aus der haltBAR genannten mobilen Küche aus.
Ziel der GartenWerkStadt ist es, einen Schaugarten aus Mitmachprojekten zu kreieren, aber auch ein Areal zu gestalten, in dem die Besucher die große Vielfalt des Gartenbaus entdecken können.

- GartenWerkStadt, Cappeler Straße 98, 35039 Marburg
  gartenwerkstadt.de
- ÖPNV: Haltestelle Rollwiesenweg oder Bahnhof Marburg Süd, ca. 900 Meter Fußweg

Unbedingt anseen

36 Der Seepark in Freiburg

Wer in Freiburg eine Pause von der pittoresken Altstadt braucht, sollte unbedingt einen Abstecher in den Seepark machen, der – wie man ob des Namens schon erahnt – zu einem Drittel von dem künstlich angelegten Flückigersee beherrscht wird. Dieser lässt sich an sanft geschwungenen Hügeln entlang umrunden, während man die Wasservögel beobachtet, die über die Oberfläche gleiten. Für eine Rast eignet sich nicht nur der herrliche grüne Rasen, sondern auch der Biergarten am nördlichen Ende.

Seinen Namen bekam der Flückigersee von dem Baustoffunternehmer Flückiger, der hier in den 1920er-Jahren Sand und Kies abbaute, was zur Bildung des Sees führte. Erst 1983 wurde der Abbau eingestellt, als die Wohnhäuser immer dichter an den Park heranrückten. Im Zuge der Landesgartenschau 1986 entstand der größte Teil des heutigen Areals. Von den damals 260 gepflanzten Mammutbäumen, die weder für den hiesigen Boden noch für das mitteleuropäische Klima geeignet sind, stehen heute noch zwölf und bieten einen beeindruckenden Anblick. Später wurden zahlreiche besser geeignete Bäume gepflanzt. Der Seeparkturm, der 15 Meter hoch ist und auf einer Erhebung am Nordufer des Sees prangt, wurde immer wieder Opfer von Brandstiftung und Vandalismus, aber ebenso auch immer wieder aufgebaut, saniert und rekonstruiert. Eine 33 Meter hohe Kopie des Turms findet sich übrigens in Freiburgs südkoreanischer Partnerstadt Suwon. Neben einem Rosengarten bietet der Park auch einen 1989/90 errichteten Japanischen Garten mit original japanischen Steinlaternen.

Der Freiburger Seepark gehört zu den schönsten Naherholungsgebieten der Region, und das, obwohl er aufgrund seiner Lage sehr eng ins Wohngebiet integriert ist. Übrigens: Die Sonnenuhr am Bürgerhaus dient seit 2021 als sogenannter geodätischer Referenzpunkt, der nicht nur für Geocacher relevant ist, sondern an dem jeder die GPS-Genauigkeit seines Smartphones oder anderer Navigationsgeräte überprüfen und gegebenenfalls nachjustieren kann.

- Seepark, Sundgauallee 12 a, 79110 Freiburg im Breisgau
  freiburg.de/pb/233132.html
- ÖPNV: Haltestelle Am Bischofskreuz oder Betzenhauser Torplatz

Der Anfang vom Ende

37

Das Kompost Festival in Münster

In und um Münster hat ein spannendes und international unterstütztes Festival seine Heimat gefunden: das Kompost Festival. „Kompost ist die Kunst der lebendigen Transformation, bei der aus toter Materie neues Leben entsteht" – unter dieser Prämisse wurde 2022 das Festival begründet, das seither jährlich zahlreiche Veranstaltungen zum Thema „Kompost und Verwertbarkeit" anbietet. Eine zentrale Frage des Festivals lautet: Was können wir als einzelne und naturbegeisterte Menschen tun, um die Erde möglichst lange gesund zu halten?

Das Festival offeriert an 7 Tagen – zuzüglich eines 5-tägigen Vorprogramms – ein buntes Potpourri für Groß und Klein, um sich in Beeten die Hände ordentlich schmutzig zu machen. Die verschiedenen Events laden dazu ein, herauszufinden, wie Kompost hergestellt und als Inspirationsquelle für den eigenen Garten oder Balkon genutzt werden kann, um diesen klimafreundlich zu gestalten. Dazu ermuntern die Ausstellenden zum Nachmachen. In vielfältigen DIY-Angeboten taucht man die Hände nicht nur in Humus, sondern erhält auch reichlich Anregungen für zu Hause. Wie zum Beispiel baut man eine Wurmkiste – und wofür? Was bedeutet es, Dünger in Eimern (Bokashi) zu züchten, und wie kann man geruchlos kompostieren? Was unterscheidet ein Hochbeet von einer Ringelbox und für welche Pflanzen eignet sich was am besten?

Der Austausch der Teilnehmenden untereinander ist ein wichtiger Bestandteil des Kompost Festivals, denn die Weitergabe wertvoller Impulse zur Gartengestaltung und zum Umweltschutz sowie die Diskussion über neue Entwicklungen sind hier ausdrücklich erwünscht. Die Veranstaltungen richten sich an alle Altersgruppen und beinhalten neben einem theoretischen auch einen praktischen und experimentellen Teil.

TIPP

Ein Dinner der fairTEiLBAR aus geretteten Lebensmitteln setzt das jeweilige Thema kulinarisch um.

● Kompost Festival, an wechselnden Orten, Münster
kompost.zone

Doppel-Landpartie

38 Gartenfestival auf Schloss Harkotten

Eines der ungewöhnlicheren Ziele für Freunde von Prunkbauten ist die Doppelschlossanlage Schloss Harkotten im schönen Münsterländer Sassenberg. In diesem stattlichen Ambiente werden prachtvolle Anregungen für die Frühlings- und Sommersaison gegeben, und zwar sowohl innerhalb der historischen Räume der beiden prunkvollen Schlösser als auch auf dem einzigartigen Außengelände des Areals. Dort präsentieren Aussteller aus der Region Kulinarisches, Mode, Gartenaccessoires und zahlreiche handgemachte Artikel. Blumenarrangements verleihen der Veranstaltung eine besonders farbenprächtige Note und bieten ihrerseits jede Menge Inspirationen für den heimischen Balkon oder Garten. Hinzu kommt ein ausgewähltes Rahmenprogramm aus musikalischen Aufführungen, Modenschauen oder Fachvorträgen, das die Landpartie unvergesslich macht. Und natürlich gibt es auch die Möglichkeit, einfach über das Schlossgelände zu schlendern und das ehemalige Lustwäldchen oder den restaurierten Barockgarten zu bewundern.

Die um 1300 erbaute Schlossanlage fiel nach dem Tod des Bauherrn Heinrich II. von Korff an dessen zwei Söhne Eberhard und Heinrich, die das Anwesen unter sich aufteilten und zwei Herrenhäuser darauf errichteten. Im Laufe etlicher Erbfolgen und Neubauten entstand die heute zu bestaunende Anlage mit den zwei Schlössern, im Osten das Barockschloss der Familie von Ketteler, in dem Luigi Colani in den 1970er-Jahren sein Designstudio unterhielt, im Westen das klassizistische Schloss von Korff, das stilistisch an das Schloss Wörlitz angelehnt wurde (Glücksort 55) und in dem 2002 die Dreharbeiten zum ersten Münster-Tatort „Der dunkle Fleck“ stattfanden.

Diese erstaunliche und geschichtsträchtige Anlage ist für gewöhnlich nicht öffentlich zugänglich – auch, weil die Familie von Korff noch immer darin wohnt –, kann aber für Veranstaltungen gemietet werden und ist jedes Jahr im Mai Schauplatz des auch Landpartie genannten Gartenfestivals auf Schloss Harkotten.

- Gartenfestival auf Schloss Harkotten, Harkotten 2, 48336 Sassenberg
  landpartie-schlossharkotten.de
- ÖPNV: Haltestelle Füchtorf, Schloss Harkotten, ca. 800 Meter Fußweg

Der Park des Nibelungen

39 Im Bernrieder Park am Starnberger See

Der Starnberger See, malerisch zwischen München und der österreichischen Grenze gelegen, gehört zu den schönsten Seen der deutschen Alpenlandschaft. Kein Wunder also, dass die Gegend rund um den See immer wieder als Film- und Fernsehkulisse genutzt wird. Vielleicht am eindrucksvollsten, wenn Luchino Visconti in „Ludwig II." Helmut Berger als König Ludwig II. und Romy Schneider als Kaiserin Elisabeth vor der prachtvollen Bergkulisse inszeniert. Ebenso adelig fühlt man sich auch in einer der schönsten Grünanlagen am See: dem Bernrieder Park.

Der südlich von Bernried am Westufer des Sees gelegene Naturpark ist fast völlig unbebaut, nur das kleine Teehaus ragt hervor, umgeben von 8 Kilometern Wanderwegen in ruhigem, naturbelassenem Ambiente und 2 Kilometern Seeufer mit zahlreichen kleinen Badebuchten, in denen man mit feinem Sand und dem leisen Plätschern des (badetauglichen!) Sees die Natur genießen kann. Die Stars des Parks sind aber seine Riesen, die wahrhaft mythische Namen tragen: „Isolde" oder „Wotan" zum Beispiel sind zwei der jahrhundertealten Methusalembäume, die hier stehen. Die Buche „Olga" bringt es gar auf 300 Jahre und noch immer erzählt man sich am See, dass ein Baumgeist darin lebt. Bis 1950 war der Park in Privatbesitz, die letzte Eigentümerin überführte ihn in eine Stiftung, die das Gebiet bis heute mit einem klar formulierten Auftrag hegt: „Niemals soll der Park bebaut, besiedelt oder in anderer Form erschlossen werden."

Der einstige Klostergarten wurde 1852 in einen englischen Landschaftspark umgestaltet, in dem allein stehende Bäume, Büsche und weite Wiesen eine einzigartige Landschaft bildeten, wobei stets darauf geachtet wurde, den Blick auf den Starnberger See und die Berge frei zu halten. Die Pflege des Parks und der Methusalembäume ist aufwendig und wird durch Stiftungsgelder getragen. Die Hälfte des Areals wird von einem Gut als Waldweide bewirtschaftet, die eine harmonische Einheit mit dem Englischen Park bildet.

- Bernrieder Park, Parkstraße, 82347 Bernried am Starnberger See
  bernrieder-park.de
- ÖPNV: Haltestelle Buchenstraße

Nützliche Ungenutzte

40 Naturkunde in der Wildkräuterei Köln

Wer kennt es nicht? Man geht in der Natur spazieren und plötzlich steigt einem ein Duft in die Nase, der mannigfaltige Assoziationen hervorruft. Mitten in Köln entstand 2018 ein Refugium, das sich genau darauf spezialisiert hat: Kräuter, Düfte und Aromen. In der Wildkräuterei Köln darf alles wachsen, was der Wind heranweht, denn „Unkraut" ist ausdrücklich erwünscht. So gedeihen hier Löwenzahn, Giersch, Brennnessel, Spitzwegerich und vieles mehr und bieten die Möglichkeit, eine alle Sinne anregende Naturerfahrung zu machen. Was in vielen Gärten schnell gerupft und kompostiert wird, wird hier gezielt weiterverarbeitet. Ob als Naturkosmetik, Kochzutat oder Heilpflanze – kaum ein Wildkraut bleibt ungenutzt.

In Seminaren und Workshops lernen Erwachsene oder Familien die Kunst der Wildkräuterei kennen und anwenden. Wildkräuter eignen sich für eine Vielzahl von Nutzungsmöglichkeiten, da sie überall und zu jeder Jahreszeit wachsen. Jede Pflanze besticht durch ihren ganz eigenen Geschmack und Geruch. Beim „Kleinen Wildkräuterspaziergang" lernt man erste Grundlagen: Was sind Wildkräuter und wo wachsen sie? Wie erkenne ich die richtigen Kräuter? Wie kann ich giftige von nützlichen Kräutern unterscheiden? Und wozu kann ich sie einsetzen? Tiefer eintauchen können die Seminarteilnehmenden beim „Großen Wildkräuterspaziergang", bei dem zahlreiche Wildkräuter gemeinsam erkundet werden. Weitere Angebote führen in die Welt der Bäume und Sträucher ein, in die „Wanderapotheke" sowie in die Geheimnisse der „Zauberpflanzen". In sogenannten Werkstätten werden die Kräuter gemeinsam verarbeitet: zu Körperöl, einer Waldtinktur oder einer Kochzutat. Senf, Soßen und Essig werden ebenfalls hergestellt.

Zusätzlich bietet die Wildkräuterei Zertifikatslehrgänge zu den Themen „Moderne Naturkosmetik" und „Wildkräuterpraktiker*in" an, die sich über ein Jahr erstrecken und mit einer Prüfung abgeschlossen werden können.

- Wildkräuterei Köln, Dürener Straße 420, 50858 Köln, Tel. (01 79) 1 18 49 39
wildkraeuterei-koeln.de
- ÖPNV: Haltestelle Eichenstraße oder Stüttgenhof, je ca. 1 Kilometer Fußweg

Botanische Weltreise

41 Im Loki-Schmidt-Garten in Hamburg

Natürlich hat jeder seine Lieblingspflanzen, die man gerne bewundert oder an denen man riecht, und beim Parkbesuch kommt es oft vor, dass es einen schnurstracks zu seinen Lieblingen zieht. Dabei vergisst man, dass noch immer nur ein Bruchteil der vorhandenen Pflanzen bekannt, geschweige denn in unseren Gefilden verfügbar ist. Umso schöner ist es, dass es Menschen gibt, die keine Mühen scheuen, unseren Horizont zu erweitern, und immer wieder neue Arten und Gattungen entdecken, die unser Herz erfreuen.

Einer dieser neugierigen Köpfe war die Hamburger Botanikerin Loki Schmidt, der heute Hamburgs Botanischer Garten gewidmet ist. Bereits 1821 wurde er als Neuer Botanischer Garten gegründet und bietet noch immer eine einzigartige Vielfalt. Für Garten- und Botanikinteressierte stellt er daher ein beliebtes Ausflugsziel dar. Im Tropischen Garten finden sich beeindruckende Exoten wie Palmen, Bromelien – die Pitcairnia loki-schmidtiae hat Loki Schmidt auf einer ihrer Forschungsreisen selbst entdeckt –, Farne, Helikonien, Hibisken und Orchideen. Im Mediterranen Garten wachsen für die Mittelmeerregion typische Pflanzen wie Olivenbäume, Lavendel, Rosmarin, Oleander, Feigenbäume und Zitrusgewächse. Die Farb- und Duftpalette kennt hier keine Grenzen! Das Alpenhaus beherbergt neben Enzian und Edelweiß auch Alpenrosen, Bergkiefer und Gletscher-Hahnenfuß und zeigt die Fähigkeit der Pflanzen, sich an die verschiedensten klimatischen Bedingungen anzupassen. Weiter geht die botanische Weltreise mit Pflanzen der afrikanischen Savannen, aquatischen Pflanzen, Sukkulenten, asiatischen Gewächsen und Bäumen der nordamerikanischen Prärien.

Seit Anfang der 1970er-Jahre förderte Loki Schmidt die Erforschung der Pflanzenwelt und war maßgeblich an ihr beteiligt. 1985/86 gründete sie die Stiftung Natur und Pflanzen, die heutige Loki Schmidt Stiftung, die es sich zur Aufgabe gemacht hat, die biologische Vielfalt zu studieren und zu erhalten. Und dieser Geist schwebt heute noch über dem Loki-Schmidt-Garten.

- Loki-Schmidt-Garten, Ohnhorststraße, 22609 Hamburg
  loki-schmidt-garten.de
- ÖPNV: Haltestelle Klein Flottbek

Die schönste Kür

42 Flanieren im Elbauenpark in Magdeburg

Magdeburg ist ohnehin schon von einer der schönsten Naturlandschaften Deutschlands umgeben und hat sich noch dazu ein ganz besonders prachtvolles Stück Gartenkunst in die Stadt geholt. Der 1999 im Zuge der 25. Bundesgartenschau eröffnete Elbauenpark versteht sich selbst als Natur- und Kulturpark und bietet eines der besten Naherholungsgebiete der Region und für jeden Geschmack etwas. Wer auf der Suche nach Ruhe und Erholung ist, kann hier durch prachtvoll angelegte farbenfrohe Blumenanlagen schlendern und im Frühling mehr als 140.000 Tulpen in 50 Beeten bestaunen. Im Sommer blühen Begonien, Ringelblumen, Löwenmäulchen oder Fleißige Lieschen an allen Ecken und Enden und zur Dahlienschau beglücken die Besucher über 1000 herrliche Pflanzen. Weitere Highlights sind die blumigen Wasserfälle, die Rosengärten sowie die paradiesisch anmutenden Gärten allüberall. Alle Beete und Gärten sind liebevoll gestaltet und bilden so ein in sich stimmiges Gesamtwerk. Kein Wunder, dass der Park 2005 zum zweitschönsten Park Deutschlands gekürt wurde.

Wer es etwas aktiver mag, kann neben den Sportangeboten auch das Schmetterlingshaus, das Wild- oder das Streichelgehege, den Kletterpark, den Rutschenturm oder die Sommerrodelbahn aufsuchen. Die grandiose Seebühne sowie zahlreiche Kunstobjekte und Themengärten laden ebenfalls zu einem Besuch ein. Für zu entwirrende Verwirrung sorgt der 600 Quadratmeter große Irrgarten, durch den es einen Weg zu finden gilt. Der Grüne Pfad lädt vor allem junge Besucher ein, im Rahmen einer Exkursion spielend die Natur, den Artenschutz, aber auch Aspekte der Biologie, Geschichte und Physik kennenzulernen und zu verstehen. Der Park hält aber auch für besonders neugierige Gartenfreunde jede Menge bereit.

Die im wahrsten Sinne des Wortes herausragendste Attraktion ist allerdings der 60 Meter hohe Jahrtausendturm auf dem Kleinen Cracauer Anger, der mit einer interaktiven Ausstellung aufwartet, die einen Gang durch 6000 Jahre Wissenschafts- und Technikgeschichte präsentiert.

- Elbauenpark, Tessenowstraße 7, 39114 Magdeburg
elbauenpark.de
- ÖPNV: Haltestelle Messegelände/Elbauenpark

Permanent gemeinsam

43

Permakultur-Workshops in Beetzendorf

Wie kann man aktiv zur Entwicklung zukunftsfähiger Lebensweisen beitragen? Ansätze und Möglichkeiten dazu bietet die sogenannte Permakultur. Der Begriff entstammt dem englischen *permanent (agri)culture* und bedeutet so viel wie „dauerhafte Landwirtschaft". Dieses Konzept basiert darauf, Ökosysteme und Kreisläufe in der Natur zu beobachten und nachzuahmen. Mithilfe der Erkenntnisse von traditionellem Wissen, Beobachtung, Ökologieforschung und Experimenten entwirft die Permakultur nachhaltige Prinzipien zum Pflanzenanbau. Die Idee entstand in den 1970er-Jahren in Australien und hat sich seitdem zu einer weltweiten Landwirtschaftsphilosophie entwickelt, die heute als Kultur der nachhaltigen Lebensweise und Landnutzung beschrieben wird. In Europa wird Permakultur sowohl in mittelgroßen Landwirtschaftsbetrieben als auch in Hausgärten angewandt. Auch im deutschsprachigen Raum findet das Konzept der naturnahen Landschafts- und Gartennutzung immer mehr Anklang. Neben einer Vielzahl von Onlinekursen gibt es im Ökodorf Sieben Linden in Beetzendorf auch handfeste Angebote in Präsenz, vor allem nützliche Einsteigerkurse zur Einführung in die Permakultur, aber auch zu konkreten Gestaltungsmöglichkeiten, die sehr breit gefächert sind: Die Themen reichen von Agroforst über Selbstversorgung, nachhaltige Alternativen, Waldgärten und Nahrungspflanzen bis hin zu über den reinen Anbau hinweg greifende Konzepte wie Meditation. Entscheidend ist, dass am Ende etwas Nachhaltiges, Resilientes entsteht – für den Garten ebenso wie für die Menschen, die sich darin aufhalten. Netzwerktreffen fördern den Austausch der Teilnehmenden untereinander. Wer sich für ein nachhaltiges und gesundes Miteinander mit seinem Gartenreich interessiert, sollte hier unbedingt reinschauen.

TIPP
Bundesweite Angebote findet man über die Webseite des Permakultur Institut e. V.

● Permakultur-Workshops, Ökodorf Sieben Linden, Sieben Linden 1, 38489 Beetzendorf, Tel. (3 90 00) 5 12 35, siebenlinden.org

Bunte Flattermänner

44

Der Garten der Schmetterlinge in Friedrichsruh

Welcher Gartenbesitzer kennt nicht das friedvoll erhabene Gefühl, an warmen Tagen im Freien zu sitzen, mit einem leckeren Getränk oder einem guten Buch in der Hand, und entspannt zuzuschauen, wie Schmetterlinge und Falter mit eleganten Flügelschlägen zwischen den Blumenbeeten herumtanzen? Es gibt zahlreiche Tipps und Ratgeber, mit denen man die kleinen bunten Insekten auf sein Grundstück locken kann. Aufgrund ihres langen Rüssels, mit dem sie den Nektar auch aus für andere Insekten unerreichbar langen Blütenröhren saugen können, sind sie zudem fleißige Bestäuber und damit für den Erhalt der Pflanzen unerlässlich.

Über 160.000 verschiedene Schmetterlingsarten sind bisher bekannt und jährlich werden Hunderte neue entdeckt. Vor den Toren Hamburgs kann man im 450 Quadratmeter großen Tropenhaus „Garten der Schmetterlinge" gut 40 Arten aus Amerika, Afrika und Asien in idealer Landschaft einmal ganz aus der Nähe erleben und gleichzeitig alles über den Lebenszyklus und den Lebensraum der farbenfrohen Insekten erfahren. Mehr als 1000 Tiere flattern hier bei tropischen Bedingungen zwischen Hibiskus und Bananenstauden frei umher, darunter auch der berühmte Atlasspinner, einer der größten Schmetterlinge der Welt mit einer Spannweite von 30 Zentimetern, was in etwa der Länge eines Unterarms entspricht.

TIPP

Geöffnet ist von Mittwoch bis Sonntag.

1985 als erster Schmetterlingsgarten Deutschlands eröffnet, ist der Garten der Schmetterlinge heute nicht nur für Falterfreunde ein beliebtes Ziel, sondern auch für Familien. Mit etwas Glück kann man beobachten, wenn eines der Tiere, die ihr Dasein als Raupen beginnen, aus seinem Kokon schlüpft. Des Weiteren gibt es auch ein großes Außengelände mit Gastronomie, Spielplätzen, einem Kaninchengehege, einem Libellenteich, Rosengärten und einem „Singenden Wassergarten", in dem das Wasser klangvoll über eine Bambusinstallation fließt. Wenn der eigene Garten also nicht genug farbenfrohe Flattermänner anlockt, sollte man hier unbedingt einmal vorbeischauen.

- Garten der Schmetterlinge, Am Schloßteich 8, 21521 Aumühle, Tel. (0 41 04) 60 37 gartenderschmetterlinge.de
- ÖPNV: Haltestelle Friedrichsruh, Bismarck-Museum, ca. 800 Meter Fußweg

Weltenbummel

45 In den Gärten der Welt in Berlin

Ein gewisses exotisches Flair bringen die meisten Parks mit – seien es Blumen und Pflanzen aus mediterranen Regionen, fremdländische Stile oder eine märchenhafte Atmosphäre. Doch kaum irgendwo kann man durch einen entspannten Parkbesuch so zum Globetrotter werden wie in den Gärten der Welt. Der Name ist Programm. Denn hier versammeln sich Pflanzen und Gestaltungsstile aus den verschiedensten Teilen der Erde: Der Chinesische Garten ist der größte Europas und birgt typische Elemente wie ein Teehaus, einen großen See und etliche Brücken. Auch der Japanische Garten bringt bekannte, immer wieder angenehme Elemente zusammen. Der in einer Halle liegende Balinesische Garten mutet hingegen ebenso fremd an wie der Koreanische und der Orientalisch-Islamische Garten.

TIPP
Wer die Welt gern von oben betrachtet, dem sei eine Fahrt mit der Seilbahn im Park empfohlen.

Jedes dieser Areale wurde von erfahrenen Gärtnerinnen und Gärtnern der entsprechenden Kulturen angelegt und zeigt deren Traditionen auf ungewöhnliche und lehrreiche Weise. Mittlerweile wurden die Nachbildung eines mittelalterlichen Klostergartens und der Jüdische Garten verwirklicht, die neben Pflanzen auch weitere symbolische Elemente beinhalten. Im angrenzenden Kienbergpark, der für die Internationale Gartenausstellung (IGA) 2015 bis 2017 gestaltet wurde, befindet sich ein imposantes Aussichtsbauwerk, das 30 Meter in die Höhe ragt: der Wolkenhain auf dem 110 Meter hohen Kienberg. Von hier hat man einen famosen Rundumblick auf den Berliner Osten und die brandenburgische Landschaft.

Als Berlin noch zweigeteilt war, herrschte eine gewisse Rivalität zwischen den beiden Stadthälften. Als Gegenstück zum Westberliner Britzer Park (Glücksort 10) eröffnete man 1987 im Ostberliner Bezirk Marzahn den attraktionsreichen Erholungspark Marzahn für die Anwohner, bevor man zur Jahrtausendwende begann, ihm ein internationaleres Flair zu verleihen. Von 2000 bis 2001 wurde das Areal deutlich vergrößert und durch immer weitere Themengärten ergänzt – eine Entwicklung, der man mit der Umbenennung in „Gärten der Welt" Rechnung trug.

● Gärten der Welt, Blumberger Damm 44, 12685 Berlin
gaertenderwelt.de
● ÖPNV: Haltestelle Kienberg/Gärten der Welt

Heide-Highlight

46 Endlose Weite im Naturpark Elbhöhen-Wendland

Oft kommt die Natur in die Parks – doch manchmal kommt der Park auch in die Natur. So zum Beispiel der besonders attraktionsreiche Naturpark Elbhöhen-Wendland, der sich entlang der Elbe von Lüneburg bis kurz vor Wittenberge erstreckt und Besucher mit endlos langen Wander- und Radstrecken empfängt, die durch eine malerische, duftende Heidelandschaft verlaufen. Viele der Wege führen themengebunden an besonders sehenswerten Highlights vorbei. Vom Aussichtsturm auf dem Hohen Mechtin, nach eigener Aussage die höchste Erhebung des Wendlands, eröffnet sich von 30 Metern Höhe ein prachtvoller Ausblick auf die umliegenden Fichtenwälder.

Da der gesamte Boden während der Eiszeit entstand und vornehmlich aus Sand und Gestein besteht, die aus Skandinavien hierhergetragen wurden, gibt es, wie fast überall in Norddeutschland, zahlreiche Findlinge, die im Findlingsring Bleckede Breetze oder im Findlingspark Clenzer Schweiz gesammelt wurden. Für die insgesamt fünf Großsteingräber im Schieringer Forst wurden ebenfalls Findlinge verbaut. Und nicht nur die Hügelgräber sind architektonisch erstaunlich, sondern auch die etwa 200 Rundlingsdörfer, eine Bezeichnung, die sich schnell erschließt, wenn man im Zentrum einer solchen Siedlung steht, denn die Gebäude sind kreisförmig um den Dorfplatz angeordnet.

Viele Hintergründe der – heute wieder besiedelten – Dörfer voller Fachwerkhäuser liegen weiterhin im Dunkeln, denn der Sinn der vermutlich von slawischen Siedlern eingeführten Bauweise ist noch immer nicht gänzlich erforscht. Die Rundlinge im Wendland zählen zu den am besten erhaltenen überhaupt. Wer möchte, kann von hier auch zu langen Ausritten aufbrechen, bei Bedarf sogar mehrtägig – entsprechende Unterkünfte sind vorhanden. Oder man wirft Sack und Pack in ein Kanu und erkundet die Elbe und zahlreiche Nebenarme mitsamt dem schillernden Uferbewuchs vom Wasser aus. Womit auch immer man am liebsten die Natur erlebt, hier kommt man damit bis zum Horizont – und weiter.

● Naturpark Elbhöhen-Wendland, Königsberger Straße 10,
29439 Lüchow (Wendland)
naturpark-elbhoehen-wendland.de
● ÖPNV: Haltestelle Kreisverwaltung

Von wegen gemein!

47 Schnitzkurse bei Gemeines Holz in Stuttgart

Ein Blick durch den Garten reicht: Holz, wohin man schaut. Und gerade, wenn mal wieder der große Beschnitt ansteht, liegt es meist irgendwo herum, wartet auf den Kompost oder den Häcksler. Dabei könnte man etwas viel Besseres damit anfangen – nämlich den eigenen Garten verschönern. Besonders gut klappt das, wenn man weiß, wie man das Holz schnitzt, denn dann kann man es in die vielfältigsten Formen bringen. Ein kleiner Vogel für die Tränke? Eine Eule, die von der Markise baumelt? Ein hölzerner Blumenstrauß an der Pergola? Teelichter, Vogelhäuschen oder anderer Schmuck – die Möglichkeiten sind endlos. Außerdem gibt es kaum etwas Entspannenderes, als im Garten zu sitzen und mit einem leckeren Getränk und etwas Musik Holz zu bearbeiten und in dieser Tätigkeit zu „versinken".

Schnitzkurse gibt es überall, aber einen ganz besonderen bietet Gemeines Holz in Stuttgart. „Gemein" bedeutet für die Gründerin Paulina Kondraskov hierbei „gewöhnlich", meint also heimisches, überall in unserer Natur vorkommendes Holz, keine exotische Importware. Das heißt aber auch, dass das Material knorrig, widerspenstig, astreich, harzig, morsch oder steinhart sein kann – eben so, wie Gehölze in der Natur wachsen und gedeihen. Meist wird bei Paulina mit Fallholz gearbeitet.

Drängende Fragen werden in den Schnitzkursen selbstverständlich beantwortet, während man sein Werkstück schon in der Hand hält: Welches Holz eignet sich für mein Projekt? Welche Werkzeuge verwende ich wofür? Welche Oberflächenbehandlung ist für mein Projekt relevant? Neben dem Schnitzen kann man auch das Drechseln und das Messerschärfen erlernen. Alles handwerkliche Tätigkeiten, die man auch im heimischen Garten nutzen kann. Die Kurse bestehen stets aus sehr kleinen Gruppen von drei bis vier Teilnehmenden, alternativ kann man aber auch Privatkurse buchen. Ein reger Austausch untereinander sowie das Lernen voneinander wird nicht nur gewünscht, sondern auch gefördert. Die ideale Möglichkeit für einen ungewöhnlichen Gartenschmuck.

● Gemeines Holz, Sedanstraße 16, 70190 Stuttgart, Tel. (01 76) 56 53 75 28
gemeines-holz.de
● ÖPNV: Haltestelle Metzstraße

Herkules und Löwenburg

48 Weitblicke im Bergpark Wilhelmshöhe bei Kassel

Obwohl viele Parks sich bemühen, den Besuchern schöne An- und Aussichten zu bieten, dürfte das einzigartige Panorama des Bergparks Wilhelmshöhe zu den vortrefflichsten gehören, denn hier genießt man den prachtvollen Blick über den Park mit dem luftigen Bild der Stadt Kassel im Hintergrund. Das gilt besonders, wenn man am – buchstäblichen – Höhepunkt des Parks steht, direkt unter dem Herkules, dem Wahrzeichen Kassels, auf 515 Metern Höhe. Das 70 Meter hohe Monument besteht aus einem Grottenbau, dem darüberliegenden achteckigen Riesenschloss und der Spitzpyramide, auf der die namensgebende Herkulesstatue thront. Der Grottenbau ist Ausgangspunkt der berühmten Wasserspiele, die in pittoresken Kaskaden den Hang hinabfallen und sich dabei über prächtige Bassins, Wasserorgeln, Stufen und andere fantasievolle Bauten ergießen.

Der Spaziergang am Wasserlauf entlang gehört zum Erstaunlichsten, was man in einem öffentlichen Park erleben kann. Am Fuße der Wasserspiele erwartet einen auf 282 Metern das klassizistische Schloss Wilhelmshöhe. Ursprünglich als Jagdschloss konzipiert und auf ehemaligem Klostergrund errichtet, beherbergt es heute ein Museum, das sich – wie der ganze Park – der Antike und ihrer Mythologie verschrieben hat. Im Süden des Parks lockt die Löwenburg auf 350 Metern als romantischer Höhepunkt: Das in den 1790er-Jahren erbaute Gemäuer wurde als Nachahmung einer verfallenen englischen Burgruine gestaltet und diente damals wie heute als beeindruckender Hintergrund.

Schon 1696 wurde auf dem neben der Stadt liegenden Berg ein Barockpark angelegt, der seinerzeit ein echtes Novum darstellte, denn solche Anlagen waren sonst nur in Ebenen üblich. Mittlerweile wurde der Park im unteren Bereich zu einem englischen Landschaftsgarten umgestaltet, lediglich die Bauten im oberen Teil zeugen noch von der barocken Vergangenheit. Mit seinen 2,4 Quadratkilometern ist der Bergpark Wilhelmshöhe der größte Bergpark Europas.

● Bergpark Wilhelmshöhe, 34131 Kassel
heritage-kassel.de/standorte/bergpark-wilhelmshoehe
● ÖPNV: Haltestelle Wilhelmshöhe (Park)

Alles bio, oder was?

49 Die BiogartenGENUSSmesse im Taunus

Wer in der heutigen Zeit sein Obst und Gemüse möglichst naturbelassen anbauen, ernten und verspeisen möchte, ist bei der BiogartenGENUSSmesse genau richtig. Biodiversität, Artenvielfalt und Nachhaltigkeit spielen hier eine wesentliche Rolle. Die einzige Biogartenmesse Deutschlands konzentriert sich auf diese Themen, indem sie auf fünf Veranstaltungen mit jeweils 80 Ausstellenden und ausschließlich zertifizierten Biogartenbaubetrieben die Sehnsucht nach biologischem Anbau aufgreift und eine einzigartige Vielfalt an Biopflanzenarten und -pflege offeriert. Das Kloster Thron in Wehrheim ist neben dem Schloss Türnich bei Köln und dem Hummelpark bei Hochheim einer der Standorte der Messe. Und um das noch mal hervorzuheben: Es handelt es sich um eine GartenGENUSSmesse!
Schon die Lage des Klosters im wunderschönen Taunus lädt zum Spazieren und Wandern vor dem Messebesuch ein und impliziert, dass „Genuss" hier mehrdeutig zu verstehen ist, denn natürlich bietet selbst angebautes Obst und Gemüse ein anderes Geschmackserlebnis als gekauftes, doch es geht auch um den Genuss einer selbst gestalteten Entspannungsstätte im heimischen Garten oder auf dem gut gepflegten Balkon. „Auf jedem Balkon, jeder Terrasse und in jedem Fenster kann eine essbare Wohlfühloase für Mensch und Tier entstehen!" So lautet die klare Botschaft. Blütenzauber, Lebensfreude, Magie und Naturverbundenheit auf ganzer Linie.
Zahlreiche Rosenarten, einheimische Wildgewächse, mediterrane Kübelpflanzen, vielfältige Stauden, Saatgut für die unterschiedlichsten Anbauschwerpunkte und -wünsche, Kräuter und Produkte zur ökologisch nachhaltigen Gartenpflege sind hier zu finden. Dazu präsentieren Kunsthandwerker und Manufakturen, die ihre Ware selbst herstellen, ihre Produkte und ergänzen das reichhaltige Angebot. Gemütliche Hängematten, bequeme Gartenmöbel und kunstsinnige Skulpturen runden die Auswahl ab.

- BiogartenGENUSSmesse, unter anderem auf dem Gelände von Kloster Thron, 61273 Wehrheim, biogartenmesse.de
- ÖPNV: Bahnhof Wehrheim, ca. 1,5 Kilometer Fußweg

Californisch
Pfefferminz
Zitronen-
Melisse

Zur zweiten Natur

50 Im Skulpturenpark Waldfrieden in Wuppertal

Das Zusammenspiel von Kunst und Natur in Parkanlagen ist nichts Neues und auch nichts Ungewöhnliches. Fast alle Parks beinhalten Skulpturen und Monumente, fungieren gelegentlich als öffentliche Galerien oder Ausstellungsflächen. Doch nirgendwo wird die Vereinigung von Kunst und Natur so konsequent vollzogen wie im Skulpturenpark Waldfrieden in Wuppertal.

Anders als in einem geschlossenen Raum sollen die Werke und die Betrachtenden hier mit den vorübergehenden Erscheinungen des Tages- und Jahreslaufs konfrontiert werden. Durch die Anordnung der Plastiken inmitten der dicht stehenden und mächtigen alten Laubbäume wird der Park zum lebendigen Ausstellungsgelände, das die Wirkung der Kunstwerke mitbestimmt. So sorgt jeder Tag und jedes Wetter für einen anderen Blick.

Dieser außergewöhnliche Park entstand 2006, als der englische Bildhauer Sir Tony Cragg einen Ort für seine Skulpturen suchte und in dem damals verwilderten Anwesen der Villa Waldfrieden fündig wurde. Er gestaltete die 14 Hektar große Anlage und die darauf befindlichen Gebäude, sanierte und modernisierte sie aufwendig, ohne die historische Bausubstanz zu ersetzen, und orientierte sich am Stil englischer Gärten. Das Ergebnis: eine riesige Freiluftgalerie, in der neben Daueraustellungen auch wechselnde Werke präsentiert werden. Cragg verband dabei Kunst und Natur, denn für ihn bedeuten diese beiden Elemente keinen Widerspruch. Im Gegenteil, sieht Cragg in der Kunst doch eine andere Form der Natur, eine „zweite Natur". Dies beweist er im Skulpturengarten Waldfrieden. Durch die Hanglage des Geländes ergeben sich spannende Perspektiven und verschiedene Möglichkeiten der Kunstanordnung im Raum.

Bei einem Rundgang durch den Park begegnet man neben Plastiken von Tony Cragg auch Skulpturen von Richard Deacon, Wilhelm Mundt, Eva Hild und Bogomir Ecker. So wird hier ein ganzes Spektrum bedeutender Positionen der Moderne und der Gegenwart abgebildet.

- Skulpturenpark Waldfrieden, Hirschstraße 12, 42285 Wuppertal
  skulpturenpark-waldfrieden.de
- ÖPNV: Haltestelle Bendahler Straße oder Bahnhof Unterbarmen, ca. 1,5 Kilometer Fußweg

Natur am Abgrund

51

Durch den Nationalpark Jasmund auf Rügen

Er ist Deutschlands kleinster Nationalpark – und doch einer der spektakulärsten. Im Nordosten der Insel Rügen befinden sich 3000 Hektar Wald, die einzigartig sind. Die Rede ist vom Nationalpark Jasmund. Die riesigen Buchenwälder verlaufen über Hügel und Bachtäler, sind von Mooren umschlossen und von ausgedehnten Wanderwegen durchzogen. Diese führen auch an der berühmten weißen Kreideküste entlang – vor allem am Königsstuhl –, wo Besucher im Schatten der grünen Wälder einen einmaligen Blick über das blaue Meer erhaschen und die ganze Vielfalt und Schönheit der Natur genießen können. Das lässt garantiert niemanden unberührt!

Die UNESCO erkannte diese Mischung aus grünem Laub, blauen Wellen und weißen Kreidefelsen als Welterbe an. Wichtig: Bei Wanderungen sollte man auf die Wegvorgaben achten. Trampelpfade schaden nicht nur dem Bewuchs, sondern vor allem in der Nähe der Steilküste sind allzu freie Erkundungen schlicht gefährlich. In den Mooren entspringen mehrere Bäche, etwa der Steinbach, der Lenzer, der Wissower und der Kieler Bach. Mehrere davon münden über die Kreideklippen in die Ostsee und bilden einige der wenigen Wasserfälle des norddeutschen Tieflands. Auch die Tierwelt ist reich vorhanden, das Gelände bietet allein 1000 Käferarten ein Zuhause. An einigen Bächen kann ebenso der seltene Eisvogel beobachtet werden.

TIPP

Von April bis September sind Rangerführungen buchbar, bei denen man viel über Flora und Fauna erfährt.

Der Nationalpark blickt auf eine fast 100-jährige Geschichte zurück. Anfang des 20. Jahrhunderts wurde der Abbau der Kreidefelsen zu einer echten Gefahr für den Wald, denn die Steilufer drohten, abgetragen zu werden. Als 1926 die Wiedereröffnung eines bereits stillgelegten Kreidebruchs geplant war, wies man die Küste nördlich von Sassnitz als Naturschutzgebiet aus. 1990 wurde daraus schließlich der Nationalpark Jasmund. Was für ein Glück!

- Nationalpark-Zentrum KÖNIGSSTUHL, Stubbenkammer 2, 18546 Sassnitz
nationalpark-jasmund.de
- ÖPNV: Haltestelle Königsstuhl

Zusammen getrennt

52 Der Clara-Zetkin-Park in Leipzig

Bei einem Streifzug durch diesen mitten in Leipzig gelegenen Park wähnt man sich schnell in einer anderen Welt, wenn der Lärm der Straßen und die Häuser hinter dem Blätterdach verschwinden und man durch eine waldähnliche grüne Landschaft streift, vorbei an Seen und Teichen, bis man fast unerwartet über ein faszinierendes kulturelles Angebot stolpert. Der Clara-Zetkin-Park hat eine wechselvolle Geschichte, denn ursprünglich gab es in Sachsens schöner Buchmessestadt vier getrennte Parkanlagen. Zum einen den Johannapark, den ehemaligen Privatpark des Leipziger Unternehmers Seyfferth, mit dem er seiner jung verstorbenen Tochter Johanna gedenken wollte. Der angrenzende Palmengarten, früher ein Teil des Leipziger Auenwalds, wurde nach dem Vorbild des Frankfurter Palmengartens (Glücksort 20) angelegt. Der Scheibenholzpark gehörte ebenfalls zum Auenwald und war im Besitz der Ratsherrenfamilie Scheibe. Wie der Johannapark diente er zunächst als Privatpark, der vor Überbauung geschützt werden sollte, um die Verbindung der Stadt zum Wald zu bewahren. Der König-Albert-Park, nach König Albert von Sachsen benannt, war als Verbindungspark zwischen dem Johannapark im Norden und dem Scheibenholzpark im Süden gedacht.

1955 beschloss man, die vier Parkanlagen unter dem klangvollen Namen „Zentraler Kulturpark Clara Zetkin" zusammenzulegen. Der Name geht auf die Frauenrechtlerin Clara Zetkin zurück, die in Leipzig wirkte. Um der Funktion als Kulturpark gerecht zu werden, errichtete man verschiedene Anlagen, darunter eine Freilichtbühne, mehrere Veranstaltungspavillons, das Leipziger Schachzentrum, eine Freiluftkegelbahn und einen Übungsturm zum Fallschirmspringen für die Zivilbevölkerung.

Seit 2000 werden die Kulturangebote des Parks wieder vermehrt reaktiviert, zur Trennung kam es dennoch: Im April 2011 wurden der Palmengarten und der Johannapark wieder eigenständig und nur der Albertpark und der Scheibenholzpark werden als Clara-Zetkin-Park weitergeführt.

- Clara-Zetkin-Park, 04107 Leipzig
- ÖPNV: Haltestelle Marschnerstraße

An der Nordseeküste

53 Westküstenpark & Robbarium in St. Peter-Ording

St. Peter-Ording verfügt als beliebter Kurort über mehr als genug Seeluft, Watt und Deichwanderungen, von daher sollte man aufhorchen, wenn eines der vielen Angebote heraussticht. Und das tut der Tierpark Westküstenpark & Robbarium, der 1992 als kleiner Privatpark gegründet wurde. Das Ziel: barrierefreie Naturerlebnisse und Umweltbildung sowie artgerechte Tierhaltung miteinander vereinen.

Inzwischen hat sich der Park zu einer der bekanntesten Sehenswürdigkeiten an der Nordsee gemausert, die jährlich Tausende Besucher anzieht. Hier werden einheimische Tiere den Arten anderer Kontinente bewusst gegenübergestellt, um die Schönheit und Vielfalt der Biodiversität der Erde sichtbar zu machen und den Blick für die wachsende Vernetzung globaler Ökosysteme und weltweiter Umweltprobleme zu schärfen. Der Park ist liebevoll gestaltet und bietet zahlreiche Möglichkeiten, sich niederzulassen und innezuhalten. Die Zäune bestehen aus Naturmaterialien und kunstvoll errichtete Pavillons und Zelte aus Weiden und Hölzern geben den etlichen frei laufenden Vogelarten eine Heimat, zum Beispiel den 70 Störchen, die hier regelmäßig Rast machen. Der Park verfügt außerdem über einen kleinen Erlebnisgarten mit Arboretum, einen Duft- und Fühlgarten und einen kurzen, aber schönen Barfußpfad. Sie sollen die Natur der Nordseeküste mit allen Sinnen erlebbar machen.

TIPP

Zu den Fütterungszeiten lernt man die acht im Park lebenden Seehunde besonders gut kennen.

Ein großer See stellt nicht nur für Wasservögel ein Refugium der Erholung dar, sondern auch für die Gäste, die die tierischen Bewohner nach mehrmaligen Besuchen oft sofort erkennen und beim Namen nennen. Ein weiteres Ziel des Parks liegt darin, eigenständige Beobachtungen zu ermöglichen, um die Mitverantwortung jedes Einzelnen für einen nachhaltigen Umgang mit der Natur zu verdeutlichen. Viel persönlicher kann man sich einem Naturpark nicht nähern.

- Westküstenpark & Robbarium, Wohldweg 6, 25826 St. Peter-Ording, Tel. (0 48 63) 30 44, tierpark-westkuestenpark.de
- ÖPNV: Haltestelle Westküstenpark oder Bahnhof Bad St. Peter-Ording Süd, ca. 900 Meter Fußweg

Was summt denn da?

54 Neuimkerschulung in Ruhlsdorf

Wer auf der Suche nach einer ungewöhnlichen, aber umso sinnvolleren Tätigkeit in Bezug auf seinen Garten ist, könnte darüber nachdenken, sich einen Bienenstamm anzuschaffen und unter die Imker zu gehen. Anders als Wespen, deren summender Besuch im Sommer eher stört, sind Bienen nämlich nicht nur zahm, sondern auch überaus nützlich: Sie sorgen dank ihrer Bestäubung für ordentliche Ernten und die Vermehrung unserer Lieblingspflanzen. Wer sich das Imkern nicht zutraut, muss wissen, dass rund 80 Prozent aller Bienenvölker von Hobbyimkern gehalten werden. Allerdings sollte man bedenken, dass man sich mit einem Bienenstock Haustiere anschafft, die eigene Bedürfnisse haben. Es lohnt sich daher, sich im Vorfeld zu informieren, wie man am besten für die kleinen Sumsetiere sorgen kann.
Der Landesverband Brandenburgischer Imker e. V. bietet in Teltow nahe Berlin Neuimkerschulungen an, bei denen man ein Wochenende lang alles Relevante über Bienen erfährt und ein ausführliches Grundwissen erlangt: von vernünftigen Haltebedingungen über nützliches (und weniger nützliches) Werkzeug bis hin zur Ernte des Honigs und dem eventuellen Verkauf. Es gibt sogar Extraschulungen zum Thema Honigveredelung und Honigwettbewerbe. Außerdem wird der Jahreszyklus eines Bienenvolks behandelt, denn während eine „normale" Honigbiene meist nur etwa 1 Monat alt wird, kann die Königin bis zu 5 Jahre leben – wenn sie im Winter gut gepflegt wird. Darüber hinaus informiert der Landesverband auch darüber, welche Förderungen man beantragen kann, es gibt spezielle Angebote für Kinder und Jugendliche und Tipps für den idealen Bienennutzgarten.
Imkern ist übrigens Vereinssport: Im Deutschen Imkerbund e. V. sammeln sich 19 Verbände mit über 135.000 Mitgliedern. Man ist also in jedem Fall nicht allein mit seinem neuen Gartenhobby. Mehrmals im Jahr finden Tagungen, Vorträge und andere Events statt, bei denen man sich austauschen und die Ergebnisse der harten Arbeit – der eigenen und der der kleinen Helfer – genießen kann.

- Neuimkerschulung des Landesverbands Brandenburgischer Imker e. V., Dorfstraße 1, Haus 3, 14513 Teltow, Tel. (0 33 28) 31 93 10
imker-brandenburgs.de
- ÖPNV: Haltestelle Ruhlsdorf

Rundblick zum Dessert

55

Genussstunden im Westfalenpark in Dortmund

Der „Pott" musste sich schon immer etwas einfallen lassen, um die Kumpel, wenn sie nicht unter Tage waren, und ihre Familien mit erhebenden Naherholungsgebieten zu versorgen. Vielleicht gibt es auch deshalb hier so schöne Anlagen wie den Dortmunder Westfalenpark. Neben der weitläufigen klassischen Naturkulisse mit einem Skulpturenpark, ausladenden Wiesen und Schatten spendenden Bäumen findet sich auch ein reichhaltiges Kulturangebot. Dazu gehören Floh- und saisonale Gartenmärkte sowie die eindrucksvolle Seebühne. Die Zuschauerränge liegen am anderen Seeufer. Das Publikum schaut also übers Wasser dem bunten Sommerprogramm zu. Im Deutschen Rosarium können über 3000 Rosenarten bewundert werden und das zentral gelegene „Wasserherz" wechselt periodisch seinen Pegel, was einem Pulsschlag ähnelt. Das 1969 entworfene Sonnensegel, unter dem regelmäßig Veranstaltungen stattfinden, diente als Vorlage für das Münchner Olympiastadion. Die 1959 installierte Kleinbahn fährt auch heute noch auf ihrer 2,7 Kilometer langen Strecke durch den Park. Mit 500 Metern etwas kürzer, aber nicht weniger sehenswert ist die ebenfalls 1959 errichtete Seilbahn zwischen Kaiserhain und Buschmühle.

Der Dreh- und Angelpunkt des Parks ist jedoch eine andere Attraktion. Der Park wurde 1959 im Zuge der damaligen Bundesgartenschau – zwei weitere fanden 1969 und 1991 hier statt – angelegt, indem man einen Wald, einen kleineren Park, eine Mülldeponie und eine nicht mehr genutzte Kleingartenanlage zusammenlegte. In die Mitte stellte man einen Aussichts- und Fernsehturm, den Florianturm, der mit etwas über 219 Metern fast 10 Jahre lang das höchste Gebäude Deutschlands war. Zudem überlegte man sich einen besonderen Kniff, um den Besuchern auf 138 Metern einen bequemen Ausblick über den Park und die Stadt zu bieten, und baute ein Drehrestaurant ein, das als das erste der Welt gilt. Seit 2015 ist es allerdings geschlossen, wenngleich es für Veranstaltungen gemietet werden kann.

- Westfalenpark, An der Buschmühle 3, 44139 Dortmund
westfalenpark.dortmund.de
- ÖPNV: Haltestelle Westfalenpark

Die klassizistische Wiege

56 Wörlitzer Park im Gartenreich Dessau-Wörlitz

Wer den Park von Schloss Wörlitz erkundet, bewegt sich nicht nur auf wunderschönem, sondern auch auf historischem Boden, denn das Schloss gilt als Gründungsbau des deutschen Klassizismus und als der erste rein klassizistische deutsche Schlossbau. Es verwundert also nicht, dass nicht nur Park-, sondern auch Schlossfreunde hier lustwandeln, und so empfängt der Wörlitzer Park jährlich rund eine Million Besucher, die er mit zahlreichen Attraktionen begeistert, darunter die „Romantische Partie“ mit ihren vielen Grotten und der Kettenbrücke, die die Illusion erweckt, nur aus einem Seil zu bestehen. Die Insel Stein wartet ebenfalls mit Höhlen und Grotten und einem dem Vesuv nachempfundenen künstlichen Vulkan auf, der tatsächlich an zwei oder drei Sommertagen – natürlich mit Ankündigung und der Möglichkeit, dem Spektakel beizuwohnen – ausbricht.
Der Park wurde mit insgesamt 26 Sichtachsen konzipiert, die zwischen 150 und 5000 Meter lang sind und der Anlage je nach Perspektive eine ganz eigene Note verleihen, vom baumreichen Naturpark bis zum kulturveredelten Skulpturenpark. Wer nicht nur genießen, sondern ein bisschen mehr erfahren möchte, kann an einer Parkführung teilnehmen, die 2 bis 3 Stunden dauert. Im Sommer bietet das Gartenreich Dessau-Wörlitz ein breites Kulturprogramm, von klassischer Musik über Varieté bis zu kulinarischen Events.
Ebenfalls einen Besuch wert ist der Park Luisium, der das namensgebende Schloss Luisium umgibt, einen quadratischen Bau mit gerade mal 12 Metern Seitenlänge. Der im englischen Stil errichtete Garten ist deutlich größer und wirkt privater als die anderen Anlagen im Gartenreich. Alle Sichtachsen sind vom Schloss Luisium aus gestaltet und wirken durch die Mischung aus klassizistischen und neugotischen Elementen besonders spektakulär.

- Wörlitzer Park, Kirchgasse 35, 06786 Oranienbaum-Wörlitz
gartenreich.de
- ÖPNV: Bahnhof Wörlitz (März bis November), ca. 1 Kilometer Fußweg

Feuerwerk für die Füße

57 Natur spüren im Barfußpark in Egestorf

Die Natur mit der ganzen Sohle spüren? Warum? Weil unsere Füße neben Knochen und Sehnen aus vielen Tastkörperchen und zahlreichen kleinen Muskeln bestehen. Diese nehmen den Untergrund sehr präzise wahr, bemerken schiefes Auftreten sofort und gleichen die Bewegung direkt aus, damit wir nicht umknicken. In der Natur wirkt Barfußlaufen zudem entspannend.

Der in einem dichten Wald gelegene Barfußpark in Egestorf in der Lüneburger Heide bietet seinen Besuchern eine einzigartige Nähe zur Natur, denn hier wandelt man nicht nur zwischen Bäumen, Sträuchern, Stauden und Blumen, sondern buchstäblich auf und in ihnen. Das Konzept ist darauf ausgerichtet, den Park nicht nur passiv zu erleben, nicht nur das Lichtspiel zwischen den Blättern und die Farben zwischen dem Grün zu genießen, sondern ganz darin zu versinken. Ein Kräutergarten wird anders wahrgenommen, wenn Tast- und Geruchssinn zusammenarbeiten. Die 45 Meter lange Dschungelbrücke in 3 Metern Höhe ist ein besonderes Barfußabenteuer, das die Aussicht veredelt und nebenbei das Gleichgewicht schult. Sind die äußeren Sinne erst einmal geschärft, kann man die Aufmerksamkeit auch nach innen richten. Der Yogawald heißt Besucher mit neun Stationen willkommen und bietet viel Ruhe für das eigene Yogaprogramm unter freiem Himmel. Besondere Events wie zum Beispiel Lachyoga sind individuell durchführbar. Da auch kleine Kinder barfuß im Park laufen, müssen strenge Regeln herrschen – dazu gehört auch, dass Hunde leider nicht mit hineindürfen. 2008 als Liebhaberidee begonnen, erwuchs aus dem Barfußpark in den vergangenen Jahren ein wahres Erlebnisfeuerwerk für die Füße und er avancierte zu einem beliebten Ausflugsziel in der Region. Inzwischen können schuhgeplagte Füße an mehr als 60 verschiedenen Stationen auf 14 Hektar unterschiedliche Böden und Untergründe befüßeln, betapsen, betreten oder einfach nur berühren und bestaunen.

TIPP

Aufregend ist das Salzineum mit Wänden und Böden aus Salzkristallen und besonders salzhaltiger Luft.

● Barfußpark Lüneburger Heide, Ahornweg 9, 21272 Egestorf
barfusspark-egestorf.de/freizeitpark
● ÖPNV: Haltestelle Dorfpark

Kleinzüchtertipps

58 Bonsai-Workshops in Düsseldorf

Eine der größten, aber auch lohnendsten Herausforderungen der Gartenkunst liegt im Kleinen, und zwar in der Bonsai-Zucht. Bonsais bedürfen nicht nur einer sorgfältigen Pflege und Überwachung, sondern stellen ganz eigene Anforderungen an die Gärtner. Anders als oft geglaubt wird, handelt es sich beim Bonsai nämlich nicht um eine besondere Baumsorte – jeder Baum kann zu einem Bonsai gezüchtet werden. Die hohe Kunst besteht darin, die Proportionen des Baums zu bewahren. Dazu nutzt man den normalen Wachstumstrieb, um ihn einerseits „klein" zu halten – wobei es Bonsais in verschiedenen Größen gibt –, aber gleichzeitig normal wachsen zu lassen. Denn auch wenn Bonsais klein sind, sind es normal wachsende Bäume.

Wer einen Bonsai direkt aus dem Samen züchten will, geht eine Verpflichtung ein: Gut 20 Jahre kann es dauern, bis aus dem Sprössling ein richtiger Bonsai erwachsen ist. Bonsais gedeihen also ebenso schnell (oder langsam) wie ihre großen Verwandten im Park. Gerade weil die Methoden so speziell sind, ist es fast unmöglich, einen Bonsai instinktiv zu züchten, und sei der Daumen noch so grün. Man sollte also lernen, wie es am besten geht.

„Die Bonsai-Werkstatt" in Düsseldorf veranstaltet das ganze Jahr über Seminare für Einsteiger und Fortgeschrittene, in denen man alles Nötige lernt: von allgemeinen Grundlagen über besondere Erfordernisse bis hin zu fortgeschritteneren Techniken. Solche Kurse haben den Vorteil, dass man direkt mit erfahrenen Bonsai-Züchtern ins Gespräch kommt. Außerdem darf man in den meisten Fällen selbst Hand anlegen. So erfährt man nicht nur die richtigen Fachbegriffe, sondern auch, welche Arbeiten in welcher Jahreszeit nötig sind und wie die kleinen Freunde am besten gepflegt werden. Und schnell ist man bei den etwas anspruchsvolleren Tätigkeiten wie der Wurzelpflege, dem Drahten und dem freien Gestalten der Form.

Anbieter von Workshops gibt es viele. Wer sich diesem faszinierenden Hobby widmen möchte, findet hier einen tollen Einstiegspunkt.

- Die Bonsai-Werkstatt, Hammer Dorfstraße 167, 40221 Düsseldorf, Tel. (02 11) 30 67 73, bonsaiwerkstatt.de
- ÖPNV: Bahnhof Düsseldorf-Hamm, ca. 700 Meter Fußweg

Mittendrin und ruhig dabei

59

Barocker Schlosspark Charlottenburg in Berlin

Auch wenn das Schloss Sanssouci (Glücksort 31) den bekanntesten Schlossgarten in der Berliner Region besitzt, muss man zum Staunen gar nicht ins beschauliche Potsdam fahren. Denn mitten im Trubel der Großstadt steht das imposante Schloss Charlottenburg, benannt nach der preußischen Königin Sophie Charlotte, mit seinem beachtlichen, gut gepflegten Park in einem von Hauptverkehrsadern durchzogenen Wohngebiet. Doch davon spürt man nichts, wenn man in Ruhe durch den Garten streift und entspannt die Architektur und Weitläufigkeit der Anlage genießt.

Der Charlottenburger Schlosspark ist ein Hotspot für Spaziergänger, Ausflügler und Jogger. Vier Rasenflächen, umgeben von Rabatten mit historischem Blumenschmuck, fassen ein achteckiges Wasserbecken mit Fontäne ein. Tulpen, Kaiserkronen, Narzissen, Goldlack, Hyazinthen und Vergissmeinnicht setzen im Frühling Farbtupfer, während im Sommer kunstvoll beschnittene Apfelsinen-, Zitronen- und Pomeranzenbäume ihren Duft verströmen. Blickt man von der Rückseite des Schlosses gen Süden auf die Gartenanlage, entfaltet sich ihre volle Pracht. Diese stilvolle Location eignet sich gleichermaßen für Hochzeitsfotos, Kindergeburtstagsfeiern oder Yogakurse. Außerdem können sowohl Frühaufsteher als auch Spätaktive den Park genießen, denn die Öffnungszeiten sind der zentralen Lage entsprechend großzügig gestaltet. Und der Eintritt ist frei!

Unter Siméon Godeau wurde der Schlosspark als erster deutscher Garten im französischen Stil angelegt, im Zweiten Weltkrieg jedoch zerstört und anschließend teilweise originalgetreu nachgebaut. Im Schloss ist eine der größten Sammlungen französischer Malerei des 18. Jahrhunderts zu sehen – für alle, die noch mehr im Prunk der Zeit schwelgen wollen.

TIPP

Unbedingt den als neapolitanische Villa errichteten Neuen Pavillon und das Teehaus Belvedere besuchen!

- Schlosspark Charlottenburg, Spandauer Damm 10–22, 14059 Berlin
  spsg.de/schloesser-gaerten
- ÖPNV: Haltestelle Schloss Charlottenburg

Nützliche Wegbegleiter

60 Neues erfahren im Prignitzer Kräuterhof

Wildblumen, Kräuter und Wildpflanzen gehören zu den schönsten Farbtupfern, die die Natur für den eigenen Garten zu bieten hat, und in vielen Fällen sehen sie nicht nur hübsch aus, sondern haben auch eine Reihe von heilenden oder wohltuenden Wirkungen, die seit Jahrhunderten, wenn nicht sogar seit Jahrtausenden bekannt sind. Dieses Wissen wird seit der Antike zuverlässig weitergegeben und erweist sich auch heute noch als unerschöpflicher Schatz, wenn man mit wenig Aufwand natürliche Kosmetika und Arzneimittel auf dem eigenen Grundstück herstellen möchte. Wer seinen Garten also nicht nur dekorativ, sondern auch nützlich mit Kräutern bestücken möchte, hat einen guten Grund, sich dieses Wissen anzueignen.

Der Prignitzer Kräuterhof, an der Grenze zwischen Brandenburg und Mecklenburg-Vorpommern inmitten der fast unberührten norddeutschen Natur gelegen, bietet allen Interessierten genau dazu die Möglichkeit. Jedes Jahr veranstaltet die Inhaberin Cordula Schoenegge einen an sieben Wochenenden stattfindenden Kräuterkurs. Die Termine sind übers Jahr verteilt, um den Teilnehmenden die saisonal vorkommenden Wildpflanzen und die damit zu erzielenden Wirkungen vorstellen zu können. Dabei lernt man neben der Geschichte der Heilpflanzenkunde und den Phasen des Jahreskreises auch die verschiedenen Inhaltsstoffe kennen, erfährt, welche Pflanzen giftig sind und wie man Salben, Tees, Naturkosmetik oder Kräuterkissen herstellt. Der Kurs versteht sich als ganzheitliche Wissensvermittlung, die neben Theorie und praktischen Anwendungsgebieten auch die Bedeutsamkeit vermittelt, mit der Natur im Einklang zu bleiben und die Pflanzen als Wegbegleiter und Lebewesen zu betrachten.

Der Prignitzer Kräuterhof kann aber auch besucht werden, um sich die hier wachsenden Heilpflanzen nur anzuschauen, im Hofladen einzukaufen oder Werke aus der hauseigenen Töpferei mitzunehmen.

TIPP

Eine frühe Anmeldung lohnt sich – die Kurse sind schnell ausgebucht.

- Prignitzer Kräuterhof, Buddenhagen 12, 16945 Meyenburg, Tel. (3 39 68) 5 00 00 prignitzer-kräuterhof.de
- ÖPNV: Haltestelle Buddenhagen (PR), ca. 700 Meter Fußweg

Silber im Dutzend

61 Im Volkspark Dutzendteich in Nürnberg

Inmitten von Bäumen und Wiesen, auf denen sich der Schein der vom See reflektierten Sonne spiegelt, und umgeben von seltenen Tieren und Pflanzen, von denen sich etliche auf der Roten Liste gefährdeter Arten befinden, flaniert man durch den Volkspark Dutzendteich in Nürnberg. Doch der Spaziergang ist nicht nur lauschig, sondern vor allem historisch bedeutsam, denn hier atmet man neben der frischen Nürnberger Luft auch das Alter des Parks. 1337 wurde hier mit kaiserlicher Erlaubnis eine Weiheranlage gestaltet, für die mehrere Bäche zum Dutzendteich aufgestaut wurden. Später wurde das Areal in Form einer Mühle und zweier Schmieden hauptsächlich industriell genutzt, da galt das Gebiet um den See schon seit 200 Jahren als Ausflugsziel mit reichlich Möglichkeiten zur Zerstreuung – im Wirtshaus, bei Bootsfahrten auf dem See oder beim Eislaufen im Winter. Als während der NS-Zeit das Reichsparteitagsgelände errichtet wurde, wurde der Dutzendteich in eine große und eine kleine Hälfte geteilt. Ein geplantes Stadion im Südteil des Parks wurde aufgrund des Kriegsbeginns nie vollendet – die ausgehobene Baugrube füllte sich zum heutigen Silbersee.
Rund um diese großen und kleinen Seen und den idyllischen Luitpoldhain hält der Volkspark Dutzendteich – der Name leitet sich wohl vom mittelalterlichen Wort „Dutze“ für Schilfrohr ab – diverse Laufstrecken von 3 bis 6 Kilometern Länge bereit. Der 365 Meter hohe Silberbuck, ein aus Bautrümmern errichteter und begrünter Berg, erhebt sich südlich über dem Silbersee. Noch immer steht eine Wirtschaft am Ufer und fahren Boote (echte und Modelle) übers Wasser. Der Volksfestplatz bietet eine imposante Kulisse für Großveranstaltungen – zum Beispiel „Rock im Park“ mit jährlich 75.000 Besuchern –, die vor allem von der Kongresshalle im Hintergrund beherrscht wird. Der Monumentalbau ist einer der größten baulichen Überreste der NS-Zeit und wird von der Stadt Nürnberg inzwischen mehr und mehr als Kulturstätte genutzt.

- Volkspark Dutzendteich, Münchener Straße 283, 90471 Nürnberg
dutzendteich-nuernberg.de
- ÖPNV: Haltestelle Dutzendteich

22

Back to the Roots!

62 Auf dem Oberschwäbischen Saatgut-Festival

Eingebettet in die idyllische oberschwäbische Landschaft liegt der Ort Bad Schussenried. „Unabhängig werden von der Bereitstellung von Saatgut durch Großkonzerne“ – das ist das Ziel des mit großem Engagement organisierten Festivals, denn es möchte Natur- und Garteninteressierte ermuntern, Obst, Gemüse und Kräuter wie in vergangenen Zeiten selbst und vermehrungsfähig anzubauen. So bieten die Ausstellenden jedes Jahr zur Pflanzzeit im März neben Saatgut auch veganen Dünger und Pflanzenkohle an, die sich speziell zur Züchtung und Saatguterhaltung eignen. Darüber hinaus punktet die Veranstaltung mit Sämereien, also Kräuter-, Duft- und Färbepflanzen, historischen Tomaten, vergessenen Gemüsesorten und anderen Raritäten, die man ins heimische Beet setzen kann. Hier werden alle Sinne gleichermaßen angesprochen und jeder, der vorbeikommt, taucht ein ums andere Mal neben bekannten auch in neue Duftwelten ein.

Doch man will nicht nur Saatgut und Produkte weitergeben, sondern vor allem Wissen. Die Ausstellenden sind ebenso kontakt- wie informationsfreudig und lassen die Besucher gern an alten Tricks und neuen Erkenntnissen teilhaben. Nützliche Hinweise gibt es auch zum Thema „Klimawandel und dessen Auswirkungen auf die Natur“.

Schon sechsmal fanden sich zahlreiche Interessierte in Oberschwaben ein, um neues Saatgut kennenzulernen und für den eigenen Anbau zu kaufen oder etablierte, lokal bedeutsame Sorten zu erhalten und für die nachfolgenden Generationen zu sichern. Das Großartige dabei: Bei ausreichender Ernte ist die Weitergabe der Saat an Familie, Freunde und Nachbarn möglich, die sich dann ihre eigenen Pflanzen ziehen können. Ein Besuch lohnt sich daher nicht nur für alle, die bereits nachhaltig anbauen, sondern auch für diejenigen, die mit dem Gedanken spielen, selbst aktiv zu werden und dafür noch Informationen, Kontakte oder Saatgut benötigen.

● Oberschwäbisches Saatgut-Festival, Stadthalle Bad Schussenried, Schulstraße 22, 88427 Bad Schussenried, bund-bc.de/5-saatgut-festival
● ÖPNV: Haltestelle Marktplatz

Hanseatische Gartenlust

63 Zwischen Planten un Blomen in Hamburg

Mitten in Hamburgs Innenstadt erstreckt sich von der Reeperbahn über das Congress Center bis hin zum Fernsehturm der vermutlich schönste Park der Hansestadt, der bei einer Durchwanderung, die rund 1 Stunde dauert, zahlreiche Facetten bietet. Am Fernsehturm erlebt man noch einen eher klassischen Park: weite Wiesen, Sträucher, eine Wassertreppe mit kunstvollen Tritten und Blumenbeete. Hier findet man den winzigen, aber atmosphärischen Apothekergarten, einen großen Rosengarten und nicht zuletzt den See, um den herum sich an lauen Sommerabenden Hunderte Gäste versammeln, um den bunten Wasserlichtspielen mit klassischer Musik beizuwohnen. Hinter dem See liegt zudem das legendäre denkmalgeschützte Café Seeterrassen. Ein Stück weiter erwarten einen der gepflegte Japanische Garten sowie der große Spielplatz mit den berühmten Bullerbergen.
Durch ein Tor kommt man am Congress Center und einem großen Modell des Parks vorbei in den ältesten Teil von Planten un Blomen. Hier steht nicht nur die Gründungspflanze, eine Platane, sondern die Wege werden verwinkelter und führen immer tiefer in einen wahren Wald von Rhododendren, die im Sommer in bunten Blüten und dem Summen der Bienen versinken. Vorbei am Alten Botanischen Garten mit seiner berühmten Titanenwurz, die zuletzt 2013 nach 84-jähriger Pause einmal aufblühte, und einem von Schildkröten bewohnten, blumengesäumten See geht es bergauf in den „aktiven" Bereich des Parks. Hier befinden sich neben Spielplätzen auch eine Minigolfanlage mit Trampolinen und Hamburgs berühmte Roll- und Schlittschuhbahn „Wallanlagen", bevor der Park am Eingang zur Reeperbahn endet.
Sein heutiges Aussehen erhielt der Park zum größten Teil während der hier abgehaltenen Internationalen Gartenbauausstellungen 1953, 1963 und 1973. Dank seiner zentralen Lage und des freien Eintritts ist der Weg in den Park nie weit – und fast überall wird der Blick von der prachtvollen Aussicht auf den Heinrich-Hertz-Turm gekrönt.

- Planten un Blomen, Tiergartenstraße, 20355 Hamburg
  plantenunblomen.hamburg.de
- ÖPNV: Haltestelle Dammtor, Stephansplatz oder Messehallen

Österliche Blütenpracht

64 Die Internationale Orchideenwelt in Dresden

Schon 23-mal lockte die Internationale Orchideenwelt im Rahmen der Messe „Dresdner Ostern“ mit bis zu 55 Ausstellenden aus aller Welt viele neugierige Orchideenfans ins Elbflorenz und ist inzwischen zur größten Orchideenschau Europas avanciert. Jährlich erfreut sie an den 3 Tagen vor Ostern sowohl das Fachpublikum als auch Neulinge, die sich für diese prachtvolle Pflanze mit ihrer vielfältigen Ausprägung sowie deren Anzucht und Pflege interessieren. Selbstverständlich kann man vor Ort vor allem zahlreiche Orchideen bestaunen, die sich in allen erdenklichen Formen, Farben und Größen präsentieren: gesprenkelt, gepunktet, mit fließenden Farbverläufen oder unifarben, mit großen oder kleinen Blättern, spitz zulaufend oder rund; ja, es gibt mannigfaltige Muster in harmonischen Farbenspielen und die verschiedensten Blätterformen zu bewundern. Dazu erfährt man viel Wissenswertes rund um die Pflanze, denn die Messe bietet den idealen Raum, um mit den Ausstellenden ins Gespräch zu kommen und sich (fachlich oder leidenschaftlich) auszutauschen, Fragen zu stellen und Anregungen zur eigenen Zucht und Pflege einzuholen.

Auf großzügigen Ausstellungsflächen lässt sich neben Wasserspielen mit wechselnden Farb- und Lichtakzenten und Zierbeeten mit Papageien noch so einiges entdecken. Es werden zahlreiche Anregungen gegeben, um die Orchidee im eigenen Heim „ins rechte Licht“ zu rücken: ob in Teelichtern, Laternen, Blumenvasen oder Kübeln, solitär oder in Gruppen angeordnet, eingerahmt von Gehölzen oder Skulpturen – der Fantasie sind bei den Arrangements keine Grenzen gesetzt. Dafür bietet die Messe auch die Möglichkeit, die Prachtexemplare zu kaufen und direkt mitzunehmen – auch wenn die schönsten schnell vergeben sind und ein großer Andrang an den Verkaufstischen herrscht. In einer weiteren Halle kann man bei Speis und Trank rasten und das Gesehene sacken lassen, um sich anschließend gestärkt wieder ins Getümmel zu stürzen.

TIPP

Beim Straußwettbewerb wird die hohe Floristenkunst gewürdigt. Das sollte man sich nicht entgehen lassen!

● Internationale Orchideenwelt/Dresdner Ostern, Messe Dresden, Messering 6, 01067 Dresden, dresdner-ostern.de/orchideenwelt
● ÖPNV: Haltestelle Dresden Messering

EOC
Dresden 2024
21. - 24. März
DEUTSCHE ORCHIDEEN-GESELLSCHAFT E.V.

Grenze nach Pückler-Art

65 Der Fürst-Pückler-Park in Bad Muskau

Nicht viele Parks können von sich behaupten, grenzübergreifend zu liegen. Der Muskauer Park, oft auch nach seinem Gestalter, dem 1785 geborenen, hochtalentierten Fürst Pückler, benannt, befindet sich jedoch tatsächlich in zwei Ländern. Neben dem eleganten Schlosspark mit gepflegtem Bewuchs und weitläufigem Vergnügungsareal bietet der Fürst-Pückler-Park noch den urigeren Bergpark auf den westlichen Hügeln, wodurch die Stadt Muskau selbst Teil der Anlage wird, mit einem Panoramablick bis zum benachbarten Krauschwitz. Seit 2004 ist der Muskauer Park UNESCO-Welterbe und damit das erste auf zwei Staatsgebieten, noch dazu ist er der größte zentraleuropäische Landschaftspark im englischen Stil.

Ursprünglich legte der Lokalpatriot Pückler den Park um „sein" Schloss Muskau herum an, um seiner Leidenschaft als Landschaftsarchitekt zu frönen. Dafür hatte er jede Menge Land aufgekauft, das er nach eigenen Vorstellungen gestaltete. Erst im Zuge des Zweiten Weltkriegs erfolgte die Teilung, denn die mitten durch den Park fließende Lausitzer Neiße wurde zur Grenze zwischen Deutschland und Polen erklärt. Der größere Teil auf polnischer Seite wurde zum Naturschutzgebiet. Auf der deutschen Seite bemühte man sich ab den 1980er-Jahren mit einer aufwendigen Restaurierung darum, dem Park wieder sein von Pückler zugedachtes Aussehen zu verleihen, sodass man nun durch ein gepflegtes und abwechslungsreiches Areal wandelt.

Um den 2003 renovierten Neorenaissancebau, das Neue Schloss Muskau, liegt der zentrale Schlossgarten. Weite Flächen bis zur Neiße, saftige, Schatten spendende Bäume und schillernd bunte Blumenbeete zieren diese Pleasuregrounds. Im Westen erstrecken sich die Hügel neben der Stadt, die dank der steilen Bergabhänge eine besondere, oft aufregende Aussicht bieten, während im Osten der naturbelassene, geschützte Teil liegt, in dem man zahlreiche Vögel und Wassertiere beobachten kann.

- Fürst-Pückler-Park, Schloßstraße, 02953 Bad Muskau
  muskauer-park.de
- ÖPNV: Haltestelle Kirchplatz

Nichts für Schwätzer

66 Im Schlossgarten Schwetzingen

Schlossparks hatten schon in Zeiten, in denen sie angelegt wurden, die Aufgabe, die Menschen zu beeindrucken und zu verzaubern. Und oft wirken sie heute noch prächtiger und edler als damals. Von daher sollte man sich den Schlossgarten Schwetzingen zwischen Mannheim und Heidelberg nicht entgehen lassen, denn er zählte schon zu seiner Entstehung ab 1697 zu den herausragendsten seiner Zeit, und dieser Eindruck hat sich bis heute nur noch verstärkt.
Das Barockschloss in Schwetzingen besitzt fünf Flügel, war einst Residenz der Pfälzer Kurfürsten, musste also mit einem prächtigen Garten ausgestattet werden. Und dieser ist so groß, dass er schon aus der Luft begeistert, denn die zahlreichen geometrischen Muster mit ihren Symmetrien sind spektakulär. Am Boden fällt neben der lauschigen Lindenallee mit 111 Bäumen vor allem die Zierkirschenallee ins Auge. Wenn diese im Frühling in voller Blütenpracht erstrahlt, ist das ein magischer Anblick. Vor der Orangerie erstreckt sich ein herrlicher Zierrasen und beim Obstgarten steht eines der ungewöhnlichsten Bauwerke, das in deutschen Schlossparks zu finden ist: eine Moschee. Die Kurfürsten galten als besonders weltoffen. Auch ein ausgeklügeltes Kanalsystem und zwei Tempel, von denen der Merkurtempel, ein romantischer Ruinenbau, besonders sehenswert ist, wurden auf dem Gelände errichtet.
Auf der riesigen Fläche des Parks, der einen englischen und einen französischen Garten, einen Landschafts- und einen kleinen Waldpark beinhaltet, kann man stundenlang spazieren und in alten Zeiten schwelgen, während man an bunten Blumenbeeten und Zierbüschen vorbeikommt. Einkehren kann man anschließend im kleinen Café am Schlosstor. Im Schlosspark finden das ganze Jahr über etliche kulturelle und musikalische Veranstaltungen statt, von klassischer Musik über Jazz bis hin zu Pop. Doch am besten erkundet man diesen einzigartigen Ort ganz in Ruhe, indem man eintaucht in eine prachtvolle Vergangenheit, die die Besucher heute noch berührt.

● Schlossgarten Schwetzingen, Schloß Mittelbau, 68723 Schwetzingen
schloss-schwetzingen.de
● ÖPNV: Haltestelle Schlossplatz

Des Pudels Park

67

Poetischer Park an der Ilm in Weimar

Zugegeben, nur wenige Besucher zieht es der Natur wegen nach Weimar. Meist sucht man die Nähe zur Literaturgeschichte, denn neben der atemberaubenden Architektur prägt nicht nur Schiller, sondern vor allem Goethe bis heute die Stadt. Dabei ist Goethe auch für seine Liebe zur Natur und seine Studien darüber berühmt. Und so überrascht es nicht, dass er hier zusammen mit Herzog Carl August im 18. Jahrhundert einen Landschaftspark anlegen ließ, der neben der Erholung und dem Lustwandeln auch der Bildung diente. Dieser Park an der Ilm ist seit Goethes Zeiten nahezu unverändert geblieben.

Zunächst schenkte man Goethe ein Haus mit Garten, das noch immer als Goethes Gartenhaus zu bestaunen ist. Der Dichter ließ es bald um zusätzliche Anlagen erweitern und dabei den barocken Lustgarten in einen englischen Landschaftsgarten umgestalten. Zahlreiche Sichtachsen, Brücken und Bauwerke schmücken den 48 Hektar großen Park, doch ein Höhepunkt liegt darunter: die Parkhöhle. Einst als Lagerstollen für eine nie gebaute Brauerei gegraben, diente der in 12 Metern Tiefe liegende Tunnel später zum Abbau von Kalkstein, wodurch sich ein System aus Kellern und Stollen bildete. Da sich darin viele Fossilien fanden, wanderte auch Goethe fleißig durch die Parkhöhle und sammelte über 100 Exemplare, die Teil seiner umfangreichen Fossiliensammlung wurden.

Im Zweiten Weltkrieg wurden die Stollen als Luftschutzbunker genutzt, heute stehen sie unter Denkmal- und Naturschutz und beherbergen ein Museum, das die geologischen Eigenheiten der Region darlegt. Die Höhle ist teilweise begehbar, allerdings gelegentlich gesperrt, also sollte man sich besser vorher erkundigen. Am Ausgang der Höhle geht es dann wieder hoch hinaus: Das Nadelöhr, eine Felsentreppe, gilt als das älteste noch erhaltene Element des Parks und wurde von Goethe im Andenken an „Christel von Laßberg" angelegt, die hier, so heißt es, aus Liebeskummer in den Freitod ging. Wie gesagt, kein Park atmet so sehr Goethes Geist wie der Park an der Ilm.

- Park an der Ilm, Ilmstraße, 99423 Weimar
  klassik-stiftung.de/park-an-der-ilm
- ÖPNV: Haltestelle Wielandplatz

68

Tropisches Flair im Kakteenland Steinfeld

Von allen bekannten Pflanzensorten gehören die Kakteen wohl zu den faszinierendsten. Einerseits versprühen sie eine gewisse Exotik, künden sie doch von weit entfernten Wüstenlandschaften und von einer gewissen Kargheit. Ihre Stacheln verleihen ihnen eine besondere Aura und ein prachtvolles Aussehen, doch das ist noch nichts im Vergleich zu ihren Blüten – Kakteen zählen zu den am schönsten blühenden Pflanzen überhaupt. Schon 1934 besang ein Schlager der Comedian Harmonists den kleinen grünen Kaktus.

Mitten in der ohnehin mit herrlichen Pflanzen und Bäumen gesegneten Südpfalz befindet sich das Kakteenland Steinfeld, einer der größten Kakteenzuchthöfe Deutschlands. In dem riesigen Gewächshaus mit einer Ausstellungsfläche von fast 5000 Quadratmetern herrschen das ganze Jahr über tropisch milde Temperaturen, in denen über 1000 verschiedene Kakteenarten und 600 weitere Sukkulenten prächtig gedeihen. 1978 als Großhandelszulieferer gegründet, ist das Kakteenland seit 1982 für Besucher geöffnet und hat sich inzwischen zu einem äußerst beliebten Ausflugsziel entwickelt. Mehr als eine Million Einzelpflanzen gibt es hier zu bestaunen, von den kleinsten Vertretern ihrer Art bis zu meterhohen und tonnenschweren Exemplaren. Innen wie auch außen kann man daneben noch jede Menge Palmen, Aloen, Yuccas oder Euphorbien bewundern. Und wer sich auf Anhieb in eines der ausgestellten Stücke verliebt, kann es direkt mitnehmen. Das Kakteenland verfügt auch über einen Außenbereich mit winterharten Pflanzen, Kunstwerken und einigen interessanten Vierbeinern.

Da man hier leicht einen ganzen Tag verbringen kann, gibt es inzwischen sogar ein Bistro mit dem beschwingten Namen „Zum Schwiegermuttersitz“, benannt nach einem besonders beliebten Zimmerkaktus, dessen Namen man nicht allzu ernst nehmen sollte, samt Biergarten. Neben typischen Pfälzer Spezialitäten werden hier auch Kaktusgerichte und natürlich Kaffee, Kuchen und Eis gereicht.

TIPP

Das Kakteenland bietet auch Führungen an. Eine Anmeldung ist erforderlich.

- Kakteenland Steinfeld, Wengelspfad 1, 76889 Steinfeld
  kakteenland.de
- ÖPNV: Bahnhof Steinfeld (Pfalz), ca. 1,5 Kilometer Fußweg

Was für ein Theater

69 Die Herrenhäuser Gärten in Hannover

Die Erbauer der alten Herrenhäuser waren nicht gerade für ihre Bescheidenheit bekannt. Und so sind auch die Herrenhäuser in Hannover groß und prächtig. Noch mehr gilt das für die Herrenhäuser Gärten, die dazu einladen, in barockem Ambiente zu lustwandeln und sich ganz den verschiedenen Anlagen und Sehenswürdigkeiten hinzugeben. So bieten der Große Garten sowie der Georgengarten neben den vertrauten Elementen barocker Gartenkunst wie farbenprächtigen Blumenbeeten, Alleen und weitläufigen Grünflächen auch einige Besonderheiten, zum Beispiel das imposante, über 3500 Quadratmeter umfassende Boskett- oder Heckentheater, das im Stil eines Amphitheaters gestaltet wurde und seit mehr als 300 Jahren Schauplatz zahlreicher Tanz- und Theateraufführungen ist. Die Fläche verjüngt sich nach hinten und steigt leicht an, was eine interessante perspektivische Wirkung erzielt. 17 vergoldete Bleifiguren und zahlreiche Taxuspyramiden bilden den Abschluss der Hainbuchenhecken. Ein Blick in den Veranstaltungskalender lohnt sich auf jeden Fall, wenn man einmal Kultur inmitten einer prächtigen Gartenkulisse erleben möchte.

Aber natürlich bieten die Herrenhäuser Gärten noch mehr. Zum Beispiel die über 36 Meter hohe Fontäne, die ebenfalls Ende des 17. Jahrhunderts installiert wurde und seither den sogenannten Nouveau Jardin bereichert. Das Große Parterre dient damals wie heute als Festsaal im Freien und wurde um die das Herzstück bildende Glockenfontäne errichtet, die sich mit 164 einzelnen Wasserstrahlen über die Fläche erhebt. Und was wäre ein solch prunkvolles Gelände ohne einen Irrgarten?

Der Irrgarten der Herrenhäuser Gärten ist achteckig angelegt und von einem Kiesweg umgeben, an den vier kleine Boskettträume angrenzen. Der Irrweg selbst ist von Hainbuchenhecken umschlossen und führt in die Mitte der Anlage zu einem Holztempel, der früher als Vogelvoliere genutzt wurde. Die Hecken sind insgesamt 500 Meter lang, der kürzeste Weg zur Mitte misst 15 Meter.

● Herrenhäuser Gärten, Herrenhäuser Straße 4, 30419 Hannover
hannover.de/Herrenhausen/Herrenhäuser-Gärten
● ÖPNV: Haltestelle Herrenhäuser Gärten

In aller Ruhe

70 Versteckte Oase – der Dahliengarten in Fulda

Fulda gehört mit seiner barocken Innenstadt zu den attraktivsten Städten Mitteldeutschlands und erfreut vor allem Naturfreunde mit einer einzigartigen Mischung aus Natur und Architektur. Aus dem reichhaltigen Angebot sticht der 1994 eröffnete Dahliengarten besonders hervor, obwohl er gut versteckt liegt. Hinter einem Mäuerchen in der Johannes-Dyba-Allee tritt man in das kleine Areal, von dem aus man nicht nur einen spektakulären Blick auf den direkt auf der anderen Straßenseite stehenden Dom hat, sondern auch auf eine einzigartige Blütenpracht.

Dahlien, die ursprünglich aus Mittelamerika stammen, zählen mit ihren rund 35 Arten zu den schönsten Zuchtpflanzen überhaupt. Als Ende des 18. Jahrhunderts die ersten Samen nach Europa gelangten, waren sie bei den Azteken längst als Nahrungsmittel bekannt – tatsächlich sind Dahlienknollen essbar. Die von Sommer bis Herbst blühenden Zierpflanzen sind allerdings nicht winterhart. Dafür begeistern sie in den Sommermonaten auf etlichen Ausstellungen und Blumenschauen, wenn sie in den schönsten Farben erstrahlen.

Die abgeschiedene Lage des Dahliengartens verleiht ihm eine ganz besondere Atmosphäre, in der man die Pracht in Ruhe genießen kann. Vor allem im Spätsommer findet sich inmitten der ohnehin schon malerischen barocken Altstadt kein romantischeres Plätzchen. Wer dennoch ein bisschen über den Dahlienrand schauen möchte, entdeckt im Dechaneigarten des Doms prachtvolle Rosen, kann im Schlossgarten flanieren oder an der Fulda-Aue entspannen. Und doch zieht es einen schnell wieder zurück.

Pünktlich beim ersten Frost werden die Dahlien ausgegraben und zum Überwintern gebracht, bevor sie im folgenden Frühling wieder an ihren lauschigen Stammplatz zurückkehren, damit sich auch im nächsten Jahr die Besucher an dieser kleinen, farbenfrohen Oase der Ruhe erfreuen können.

TIPP

Das Umweltzentrum von Fulda widmet sich der Nachhaltigkeit und bietet Ideen für den heimischen Garten.

● Dahliengarten, Johannes-Dyba-Allee, 36037 Fulda
tourismus-fulda.de/entdecken/sehenswuerdigkeiten/parks-gaerten
● ÖPNV: Haltestelle Dom

Farbenfrohe Weihnacht

71 Christmas Garden im agra-Park bei Leipzig

Unter dem Namen „Christmas Garden“ verwandeln sich zwischen November und Januar in ganz Deutschland – und sogar international – Gärten, Parks und Zoos in ein besinnliches und staunenswertes Wunderland aus Licht und Musik. So können sich etwa im agra-Park Markkleeberg bei Leipzig Besucher auf einen schillernden, atmosphärischen Rundweg begeben, an dem Lichtschnüre und Leuchtfiguren an Sträuchern, Bäumen und in Beeten installiert wurden, die eine Farbenpracht verströmen, wie es sie hier sonst nur im blühendsten Sommer gibt. Der Weg führt an den Attraktionen vorbei und begleitet die Gäste mit sphärischer Musik.

Auf halber Strecke wartet eine kleine Raststation mit Würstchen, Glühwein und anderen Adventsspezialitäten. Wasserflächen schaffen eine Gischtwand, in die mittels eines Lichtprojektors nicht nur wunderschöne Farbenspiele, sondern sogar kleine Geschichten (beim Christmas Garden im Hamburger Loki-Schmidt-Garten, Glücksort 41, etwa von Schiffen und Meeresbewohnern) geworfen werden. Mit besonders großen Augen staunen hier natürlich die Kinder.

2016 leuchtete der Botanische Garten in Berlin erstmals im Schein edler Lichtinstallationen und lud nach Einbruch der Dunkelheit die Besucher ein, den knapp 2 Kilometer langen Rundweg entlangzuschlendern und sich von der visuellen Pracht und der entspannenden Musik verzaubern zu lassen. Das Event war auf der Stelle ein Riesenerfolg. 2018 wurde die Christmas Garden Deutschland GmbH gegründet, die das Konzept mithilfe von Licht- und Sounddesignern zuletzt an elf deutschen und zehn europäischen Standorten organisierte. Der Andrang ist stets groß, es lohnt sich also, die Tickets vorab online zu kaufen. Möchte man die Vorweihnachtszeit mit einem ganz besonderen Erlebnis krönen und die im Winter sonst eher kargen Gärten und Parks in einzigartiger Pracht und Eleganz erleben, empfiehlt sich ein Ausflug in einen Christmas Garden unbedingt.

- Christmas Garden im agra-Park, Raschwitzer Straße, 04416 Markkleeberg
  christmas-garden.de
- ÖPNV: Bahnhof Markkleeberg Nord oder Markkleeberg, ca. 700 Meter Fußweg

Der Senkenberg

72 Parkgeflüster auf dem Neroberg in Wiesbaden

Am nördlichen Rand der hessischen Landeshauptstadt liegt der Neroberg, gut 245 Meter hoch, ein beliebtes Ausflugsziel und eine wahre Augenfreude. Während die Seiten und der nördliche Teil von dichtem Wald überzogen sind, prangt auf der Kuppe und auf der oberen Hälfte der zur Stadt zeigenden Südflanke ein wunderschöner Park. Der untere Teil der Südseite ist mit Weinreben bedeckt und geht schließlich in pittoreske Wohnstraßen über. Weit sichtbar ist die markante russisch-orthodoxe Kirche mit ihren fünf goldenen Kuppeln, die jedoch etwas abseits liegt. Direkt über den Weinreben findet sich das Opelbad, ein Freibad im Bauhausstil, das als eines der schönsten Schwimmbäder Deutschlands gilt.

Auf der Spitze des Nerobergs geht es ein Stückchen bergab: In der Erlebnismulde sind ein kreisrundes Amphitheater für Kunstaufführungen, zum Beispiel ein Improtheater, sowie daneben ein Café in einem Turm untergebracht, dem letzten Überbleibsel eines 1989 abgebrannten Hotels. Der Nerobergtempel entstand 1851 und bildet den Mittelpunkt des kleinen Bergparks. Dahinter wurde im Juni 2006 der Kletterwald Neroberg in den natürlichen Baumbestand integriert, ein Hochseilgarten mit rund 70 Elementen auf mehreren Parcours aller möglichen Schwierigkeitsstufen. Wer sich in Wiesbaden also nicht nur die beliebten Kurbäder anschauen will, sollte sich unbedingt einmal nach oben wagen. Von der Löwenterrasse aus hat man außerdem eine einzigartige Aussicht auf die Stadt.

Der einfachste und direkteste Weg hinauf ist die Nerobergbahn, gern auch als „Wiesbadens schrägstes Wahrzeichen“ betitelt. Die 1888 in Dienst gestellte Bahn funktioniert über Wasserballasttanks – von den zwei Wagen befindet sich je einer am oberen und einer am unteren Ende der 440 Meter langen Strecke. Die Tanks des oberen Wagens werden mit Wasser gefüllt, das Gewicht zieht den einen Wagen nach unten und den anderen dabei gleichzeitig hinauf. Unten wird der Tank wieder entleert.

- Park auf dem Neroberg, Talstation Nerobergbahn, Wilhelminenstraße 51, 65193 Wiesbaden
- ÖPNV: Haltestelle Nerotal oder Wolkenbruch

Ex und hopp

73 Gartenexkursionen der LWK Niedersachsen

Kaum ein Teil des eigenen Grundstücks ist so individuell, so persönlich, so von der Seele der Bewohner geprägt wie der Garten. Kein Garten ist wie der andere und die Vielfalt, mit der man den eigenen Garten gestalten und pflegen kann, ist so groß wie die Natur selbst. Noch dazu investieren viele Menschen in ihren Garten ihr wertvollstes Gut: Zeit. Kein Wunder also, dass man sich seinem Garten verbunden fühlt und sich selbst darin widerspiegelt. Da man aber meist nur den eigenen Garten mit so viel Hingabe betrachtet, fehlt vielleicht manchmal der Blick über den Zaun in die Welt anderer Gärten. Und diesen Horizont erweitern die Gartenexkursionen der Landwirtschaftskammer (LWK) Niedersachsen.

Ein abwechslungsreiches Programm bietet die Chance, einmal in fremde Gärten zu schauen und sich mit denen, die sie hegen und pflegen, auszutauschen. So gibt es beispielsweise eine Fachexkursion in verschiedene Privatgärten, bei der man erfährt, wie man Hecken schneidet, Unkraut aus Fugen entfernt, Terrassen pflegt oder welche Methoden zur Gartenverschönerung es sonst noch gibt. Eine Exkursion widmet sich Lavendel- und Rosenfeldern und der Anlage und Pflege besonders wohltuender Duftgärten – verbunden mit einem Besuch der angegliederten Manufaktur für Duftöle. Bei anderen Touren durchstreift man Landschaftsgärten, die alten Baumbestand ins Gartenbild integrieren, einen Waldgarten oder inspiziert wilde Naturböden, die zur Grundlage des Gartens werden können.

Die Möglichkeiten sind schier unendlich: Vom akkurat getrimmten, geometrisch angelegten Ziergarten bis hin zum urtümlichen Naturgarten, vom Steingarten über eine Rasenfläche bis zu kleinen Moorlandschaften direkt an der Hintertür – alles ist erlaubt, solange es gefällt. Doch gerade die Zwischenstufen können so manchen Garten veredeln. Und welch bessere Inspiration kann es geben, als bei einer Exkursion in fremde Gärten zu schnuppern und sich von bisher ungeahnten Farben, Düften und Kombinationen verzaubern zu lassen?

- Gartenexkursionen der Landwirtschaftskammer Niedersachsen,
Mars-la-Tour-Straße 1–13, 26121 Oldenburg
lwk-niedersachsen.de

Willkommen in Nepfalz

74 Der Nepal-Himalaya-Park bei Wiesent

Die Reise des Pavillons, um den herum der Nepal-Himalaya-Park angelegt wurde, war lang: Nachdem die Einzelteile aus nepalesischem Holz in Nepal gefertigt und von 800 Handwerkern mit zahlreichen Handschnitzereien versehen worden waren, brachte man sie anlässlich der Expo 2000 nach Hannover. Nach der Weltausstellung wurde der Bau originalgetreu in die Oberpfalz verlegt. Hier, in einem ehemaligen Steinbruch zwischen Regensburg und Straubing, wurde um den Pavillon – der im Frühsommer von Nepals Nationalblume, dem Rhododendron, eingerahmt ist – mit über 6200 verschiedenen Pflanzen einer der artenreichsten Gärten des Landes angelegt. Dafür musste der Steinbruch zunächst mit Erde bedeckt werden, bietet inzwischen aber ideale Bedingungen für eine Vielzahl von Pflanzen.

Ziel des Schaugartens ist es, den Besuchern möglichst viele Anregungen für die Gestaltung des eigenen Gartens zu geben. Dazu werden immer wieder neue Pflanzen und Züchtungen getestet, mit denen man hierzulande noch wenig Erfahrung hat, vor allem aus dem Sino-Himalaya. Das führt dazu, dass der Park nicht immer einheitlich stark bewachsen ist. So steht der Staudengarten bereits in voller Blüte, während sich manches Gehölz noch im Wachstum und somit in einer frühen Phase der Entfaltung befindet. Der Park ist also im steten Wandel und im ältesten Teil sind die verschiedensten Lebensräume untergebracht: ein großer Heidegarten, karge Hänge, wiesenartige Beete, trockene und feuchte Schattenlagen sowie zwei große Teiche neben einer riesigen Buddhastatue.

Eine Besonderheit des Parks sind die Bauten aus Bhutan an der wasserbetriebenen Gebetsmühle. Hier kann man bunte bhutanische Handwerkskunst, einen Tempel und zwei Brückenhäuschen an den Enden einer Hängebrücke entdecken. Der Tempel wurde 2018 feierlich durch einen Lama gesegnet. Für Hobbybotaniker lohnt sich der Besuch, da der Park exotische Gartenbewohner direkt vor unsere Haustür bringt. Der Erlös der Eintrittsgelder geht übrigens an Wasserprojekte im Globalen Süden.

- Nepal-Himalaya-Park und -Pavillon, Martiniplatte, 93109 Wiesent
  nepal-himalaya-pavillon.de
- ÖPNV: Haltestelle Schloßplatz, ca. 2 Kilometer Fußweg

Absolut nicht egal

75 Blumenzauber im egapark in Erfurt

Südlich von Erfurt, auf dem 265 Meter hohen Cyriaksberg, liegt der egapark. Das rätselhafte „ega" entstammt dem Begriff „Erfurter Garten- und Ausstellungsgelände" und das Markenzeichen des Parks ist kunterbunt: Europas größtes Blumenbeet empfängt die Besucher schillernd und leuchtend in allen nur erdenklichen Farben und wechselt je nach Saison. Im Frühling erstrahlen Stiefmütterchen, im Sommer Dahlien. Schmuckkörbchen und Löwenmäulchen, zwischen denen Hummeln, Bienen und Schmetterlinge tanzen, lassen beste Sommerlaune aufkommen. Und im Herbst sprießen die Gräser und der Sonnenhut um die Wette. Entlang der Wasserachse, die sich durch den Park zieht, findet man heimische und exotische Stauden, bei denen Urlaubsgefühle aufkommen. Dank der geschwungenen Wege kommt man diesen besonders nahe. Im Liliengarten verzaubern sieben Terrassen mit farblich abgestimmter Streifenbepflanzung das Bild, das durch ein funkelndes Wasserbecken aufgelockert wird. Und im prachtvollen Irisgarten ist eine der größten Sammlungen der Bart-Iris zu sehen.
Der Waldpark versteht sich als „Wissenswald", hat sich ganz der Bildung verschrieben und präsentiert eine kleine Siedlung von Mustervogelhäuschen und verschiedene Lernstationen. Auch das Gartenbaumuseum lohnt den Besuch: In der ehemaligen Festungsanlage wird der Gartenbau im Wandel der Zeit anschaulich erklärt und man erfährt, wohin die Reise zukünftig geht.
Der Park – neben der Wartburg Thüringens größter Touristenmagnet – war 1950 Veranstaltungsort der ersten Gartenschau und bis 1989 fanden hier mehr als 700 Gartenveranstaltungen statt, 2021 sogar die Bundesgartenschau. Egal, was einem am Gartenbau oder an Parkanlagen gefällt – im egapark findet man es ganz sicher, denn hier wurde es garantiert schon einmal ausgestellt.

● egapark – Erfurter Gartenausstellung, Gothaer Straße 38, 99094 Erfurt
egapark-erfurt.de
● ÖPNV: Haltestelle egapark

Bitte mit Gefühl

76 Der Duft- und Tastgarten in Ulm

Klein, aber fein liegt er da, mitten im Trubel von Ulms Innenstadt: 3000 Quadratmeter voller Sinneseindrücke. Für gewöhnlich bieten Parks dieser Art ein Fest für die Augen und für die Nase, arbeiten mit Sichtachsen und schillernden Farben. Doch hier wurde ein anderer Schwerpunkt gesetzt: Dieser Park darf auch mit den Händen erkundet werden, denn die großen und kleinen Besucher sollen ihn nicht nur visuell und olfaktorisch erleben, sondern auch taktil. Stauden, Gehölze und Beete dürfen hier ausdrücklich betastet und beschnuppert werden, weswegen sie meist in Hochbeeten wachsen. Und selbst vor den Verzierungen macht das Konzept nicht halt: Auch im berühmten Brunnen läuft das Wasser mittels der ungewöhnlichen Formen seiner Schalen „fühlbar" ab, denn der Wasserfluss lässt die Schalen pulsieren.

Das Gelände entstand 1980 im Rahmen der Bundesgartenschau, wird bis heute liebevoll gepflegt und bildet inzwischen die älteste Gartenanlage ihrer Art in der Region. Am Eingang wird man von einer Übersichtskarte empfangen und kann dem Leitsystem folgen. Dabei ist das alles viel mehr als nur eine einfache Spielerei. Es steckt eine ernste Absicht dahinter. Der Künstler und Landschaftsarchitekt Herbert Dreiseitl traf sich vor dem Entwurf des Parks mit Blinden, um zu verstehen, wie diese die Welt wahrnehmen. Diese Erfahrungen wollte er vermitteln und anderen Sehbehinderten dabei ein passendes Areal bieten.

Der Park bietet zahlreiche Sitzgelegenheiten und eignet sich hervorragend, um einfach mal die Augen zu schließen und zur Ruhe zu kommen, zu entspannen und sich den verschiedenen Düften hinzugeben. Seit 1980 wurde ein neues Farb- und Duftkonzept entwickelt und in die bestehende Bepflanzung integriert – am Ende guckt das Auge ja mit. Dennoch wurden nicht nur Wege und Bänke erneuert, sondern auch die Beschriftung in Blindenschrift wurde hinzugefügt. Also ein idealer Ort, um sich ganz und gar in den Park einzufühlen – mit allen Sinnen.

- Duft- und Tastgarten, Kobelgraben, 89073 Ulm
- ÖPNV: Haltestelle Ehinger Tor oder Ulm Hauptbahnhof, je ca. 600 Meter Fußweg

Wissenschaft ganz groß

77 Experimenteller Botanischer Garten in Göttingen

Erholung und Wissenschaft in einem? Das geht! Und wie! Im Experimentellen Botanischen Garten der Universität Göttingen wird neugierigen und interessierten Besuchern genau das geboten. In der Regel dienen botanische Gärten als Anschauungsobjekte, entweder für Studenten oder passionierte Biologen. Oft beschränken sie sich aber darauf, die vorhandene Vielfalt darzustellen. Der Experimentelle Botanische Garten versteht sich hingegen als Versuchsgarten mit einem breiten Aufgabenfeld: Neben der gängigen Forschung und Pflanzenzucht geht es hier auch um Umwelterziehung, den Erhalt bedrohter Arten und den Wunsch, die Besucher umfassend zu informieren. Hier werden die Gäste mit einer gezielt nachgestellten Geokultur begrüßt, dank derer man im schönen Göttingen quasi durch ferne, exotische Landschaften wandeln kann. Sogenannte Geobeete imitieren die Bodenverhältnisse anderer Regionen, um den dort heimischen Pflanzen ein stabiles Zuhause zu schenken. So kann man zum Beispiel eine Bergaster auf Berggestein bewundern oder Gipskraut auf Gipsgestein.

Einen prachtvollen Ausblick bieten die Wiesengesellschaften, die vor dem Hauptgebäude angelegt wurden. Die weitläufigen Wiesen haben andere Bodenverhältnisse und dadurch einen ganz unterschiedlichen, aber immer prachtvollen Bewuchs. Die Glatthaferwiese im oberen Bereich ist mit blühenden Kräutern bedeckt. Die nährstoffreicheren Böden weiter hangabwärts hingegen weisen höher wachsende Wiesen mit weniger Arten auf. Die dahinterliegenden Feuchtwiesen sind zwar zu bestaunen, aber noch nicht erschlossen. Eine riesige Staudensammlung, ein leuchtendes, duftendes Rosarium und zahllose bunt schillernde Ackerwildkräuter runden das Ensemble ab.

Hinter den Mauern lauert dann die Wissenschaft: Mithilfe von Instrumenten, Geräten und in Labors werden die Pflanzen hier penibel erforscht und erkundet, im Wurzellabor von unten, im Baumkronenpfad von oben und frei zugänglich für Besucher im Bereich dazwischen.

- Experimenteller Botanischer Garten der Universität Göttingen, Grisebachstraße, 37077 Göttingen, uni-goettingen.de
- ÖPNV: Haltestelle Burckhardtweg

Auf ins kühle Grün

78 Die Schwimmende Wiese in Schwerin

In der Regel müssen Wiesen nicht verbessert werden. Wiesen bieten von Natur aus alles, was man sich nur wünschen kann: Sie sind weit, grün, voll duftender Gräser und Kräuter, angefüllt mit dem leisen Summen von Insekten. Sie bieten Auslauf, Aussicht und Natur, einen Untergrund für Picknicks, Spiele und Freizeitbeschäftigungen im Grünen, am besten mit einer hell strahlenden Sonne am Himmel. Und doch dachte sich jemand: Das geht noch besser. Und schuf in Schwerin eine Wiese der ganz besonderen Art. Und zwar mitten im Burgsee am Schweriner Schloss.

Im Zuge der Bundesgartenschau 2009 wurde der See umfassend umgestaltet und eine „schwimmende" Wiese angelegt. Die Lage auf dem Areal des prunkvollen Barockschlosses aus dem frühen 17. Jahrhundert sorgt für eine herrliche Aussicht und erweitert die ohnehin schon vielseitige Parkanlage um ein zusätzliches Highlight. Inzwischen hat sich diese einzigartige Wiese etabliert und zählt als fester Bestandteil zu den Parks und Gärten in und um Schwerin. Natürlich „schwimmt" die Wiese nicht wirklich, sondern ist fest am Boden verankert, allerdings ist sie auf allen Seiten von Wasser umgeben, das man über eine der zahlreichen Brücken überqueren muss. Seekrank wird hier also niemand. Ganz im Gegenteil: Die Wiese ist ein idealer Ort, um nach oder während eines Besuchs des Schlossgartens zur Ruhe zu kommen. Man kann den Blick über den See oder zum Schloss schweifen lassen oder ein wenig im modernen Kreuzgang im Bauhausstil flanieren, der den Marstall und den Ufergarten miteinander verbindet. Die Schwimmende Wiese ist dabei kein isoliertes Element, sondern in die imposante Anlage integriert, die schon wegen des geometrisch angelegten Kreuzkanals, der das Kernstück des Gartens bildet, einen Besuch lohnt. Da Schloss und Garten als Prachtstücke historischer Schlossparkanlagen gelten, wurde die Schwimmende Wiese bewusst als zukunftsgerichteter Gegenpol entworfen und ergänzt so ein absolut sehenswertes Ensemble.

- Schwimmende Wiese, Berta-Klingberg-Platz, 19053 Schwerin
- ÖPNV: Haltestelle Platz der Jugend

Frankreich ganz nah

79 Klein-Nizza im Ringpark Würzburg

Wer mediterranes Flair genießen und inmitten unzähliger Blumen und Blüten flanieren möchte, muss nicht nach Frankreich reisen. Unweit des Würzburger Hauptbahnhofs verläuft rechts- und linksseitig der sogenannte Ringpark, der gegenüber an den Main stößt. Der Park wurde Mitte des 19. Jahrhunderts auf dem Areal der früheren Festungsanlagen der Stadt errichtet und umschließt die Altstadt mitsamt dem Würzburger Dom, dem Rathaus, der Residenz sowie das Congress Centrum der Stadt. Der grüne Gürtel selbst besticht mit vielen Highlights, die es zu besuchen gilt.

Hervorgehoben sei hier Klein-Nizza, das Ende des 20. Jahrhunderts als Teil des Parks fertiggestellt wurde. Vor allem die aufwendig gestaltete Teichanlage sei Besuchern ans Herz gelegt. Dazu kommt ein künstlicher, vor sich hin plätschernder Bachlauf, der von zwei 1902 gestifteten Brunnen gespeist wird. Neben dem Teich besticht der Schönbornbrunnen, ein hoher Felsenbrunnen mit teichartigem Wasserbecken.

Klein-Nizza wurde 2016 saniert und neu bepflanzt. Die Bepflanzung am Teichrand soll einen Eindruck von der ursprünglichen Anlage vermitteln. Hier strahlen heute üppige Sommerblumenbeete in vollendeter Farbenpracht. Aber Klein-Nizza hat noch mehr zu bieten, etwa exotische Bäume aus Nordamerika und Ostasien, deren Pflanzungen bis zur Entstehungszeit des Parks zurückreichen. Darüber hinaus gibt es die sogenannten Siebold-Pflanzen. Sie gehen auf den Würzburger Arzt und Naturforscher Philipp Franz von Siebold (1796–1866) zurück, der mehrere Jahre in Japan verweilte und die Flora dieses Landes erforschte. Von dort brachte er zahlreiche Pflanzen mit nach Europa, die zur Zeit der Gründung des Parks große Neuheiten in der Welt der Botanik darstellten, wie der Fächerahorn, der Katsurabaum oder der Blauglockenbaum.

Es lohnt sich also, den bei Würzburgern beliebten Park zu besuchen und seine Kostbarkeiten und seine Architektur zu bestaunen, die Seele baumeln zu lassen und sich durch die Blütenpracht treiben zu lassen.

- Ringpark Würzburg, Friedrich-Ebert-Ring 5–6, 97072 Würzburg
- ÖPNV: Würzburg Hauptbahnhof oder Südbahnhof

Mediterrane Pracht

80 Auf der Blumeninsel Mainau

„Sie ist eine kokette kleine Dame, diese Mainau, die stets und ständig große Aufmerksamkeit fordert, noch mehr Liebe und vor allem unaufhörlich neue Kleider." So beschrieb Lennart Bernadotte seine Insel. Und wie recht er hatte! Die Blumeninsel Mainau im Bodensee ist eines der berühmtesten Kleinode unter den Naturzielen Deutschlands. Zu jeder Jahreszeit sind hier seltene und heimische Pflanzen und Blumen zu bestaunen, eingerahmt von weiteren Sehenswürdigkeiten, sodass mindestens ein ganzer Tag für den Besuch eingeplant werden sollte.
Da wäre der farbenprächtige Staudengarten oder der Ufergarten, der prachtvollen Gehölzen wie dem ersten Urweltmammutbaum der Insel ein einzigartiges Zuhause bietet. Die Promenade mit den Wild- und Strauchrosen ist ebenso eine Augenweide wie der Rhododendronhang, der im späten Frühjahr wahre Blütenträume hervorbringt. Auf der Mainau steht zudem der letzte noch erhaltene Baum einer einst großen Maulbeerbaumallee, die sich vom Insektengarten bis zum Ufergarten erstreckte.
Auch die südländische Pflanzenwelt ist vertreten: Auf den Mediterran-Terrassen kann man die prächtig bepflanzte Terrassenlandschaft vor dem einzigartigen Bodenseepanorama bestaunen. Aufgrund des Klimas gedeihen auf der Mainau sogar Palmen und andere aus dem Süden stammende Pflanzen. Eine wahre Pracht für Augen und Nase, denn auch die Düfte der zahlreichen Blumen wetteifern um die Gunst aller, die hier vorbeischlendern. Im Frühling kann man inmitten Hunderter Tulpen, Narzissen und Kaiserkronen verweilen und die ersten warmen Sonnenstrahlen genießen. Auch Hortensien, Rosen, historische Zitruspflanzen, Päonien, Farne, Fuchsien und Dahlien buhlen um Aufmerksamkeit, und wen es ins Innere zieht, der sollte im Arboretum, im Insektengarten, im Schmetterlingshaus oder im Palmenhaus vorbeischauen, die ein regelrechtes Feuerwerk aus den verschiedensten Farben und Formen bieten.

TIPP
Die Italienische Blumen-Wassertreppe setzt je nach Jahreszeit unterschiedliche, stets reizvolle Akzente.

- Blumeninsel Mainau im Bodensee, 78465 Insel Mainau
  mainau.de
- ÖPNV: Haltestelle Mainau

Bibliografische Informationen der Deutschen Nationalbibliothek
Die Deutsche Nationalbibliothek verzeichnet diese Publikation in der Deutschen Nationalbibliografie; detaillierte bibliografische Daten sind im Internet über dnb.d-nb.de abrufbar.

Konzeption/Satz: Droste Verlag, Düsseldorf
Einbandgestaltung und Illustrationen: Britta Thiele, Marbach am Neckar, unter Verwendung von Bildern von © Fotolia.com: jd - photodesign.de; © iStock: Plociennik Robert
Fotos: Timm Allrich/TMV: S. 163; Ole Bader: S. 97; Barfußpark Lüneburger Heide: S. 121; Steve Bauerschmidt/SWE egapark: S. 157; Kina Becker: S. 99; Paavo Blafield/Stadt Hofgeismar: S. 63; Sabrina Braunwarth: S. 159; Michael Clemens/Christmas Garden: S. 149; Peter Dafinger/KsDW: S. 119; Werner Dieterich: S. 51; Kay-Uwe Fischer: S. 87; Förderverein Irrgarten Altjeßnitz e. V.: S. 23; Veronika Freudling, München/Bayerische Schlösserverwaltung: S. 53; Freundeskreis Ökodorf Sieben Linden e. V.: S. 93; Mandy Gambietz: S. 57; GartenWerkStadt: S. 77; GdS_24_ Lroelcke: S. 95; Frank Grätz: S. 135; Bengt Heine/ Bürgerpark Bremen: S. 39; Anne Jahn: S. 81; Kakteenland: S. 143; Steffen Kasch: S. 43; Klassik Stiftung Weimar, Bestand Fotothek: S. 141; Lars Köhler: S. 161; Thomas Köhler, Bayreuth/ Bayerische Schlösserverwaltung: S. 11, S. 30; Paulina Kondraskov: S. 101; Andreas Lander/NKE GmbH: S. 91; Landpartie Schloss Harkotten: S. 83; Bianca Mewes: S. 113, S. 147; Marco Mewes: S. 9, S. 21, S. 125; Anja Müller: S. 49; Andreas Nehring/ Nationalpark Jasmund: S. 109; Palmengarten Frankfurt am Main: S. 47; Michael Richter/Cragg Foundation: S. 107; Ulrike Romeis: S. 155; Cordula Schoenegge: S. 127; Stefan Schulze: S. 145; Leo Seidel, Berlin: S. 137; stock.adobe.com: S. 15 (fottoo), S. 17 (P. M. Ebel), S. 19 (JM Soedher), S. 25 (Natasha Breen), S. 27 (Jutta Adam), S. 29 (eugen_z), S. 33 (Simon Tang), S. 37 (danielpankoke), S. 41 (Jeanette Dietl), S. 45 (Jürgen Fälchle), S. 55 (kacege), S. 59 (travelpeter), S. 61 (franzdell), S. 67 (haveseen), S. 69 (Faina Gurevich), S. 75 (dina), S. 79 (C. Schüßler), S. 85 (rudiernst), S. 89 (Lapasmile), S. 103 (PRILL Mediendesign), S. 105 (Kaesler Media), S. 111 (DZiegler), S. 115 (JuergenL), S. 117 (Marcus Retkowietz), S. 123 (Khairil), S. 129 (Christian), S. 131 (aboikis), S. 133 (eyetronic), S. 139 (hifografik), S. 151 (Branko Srot), S. 153 (Vincent), S. 165 (Franz Gerhard), S. 167 (Bildgigant); Wolfgang Teschner: S. 65; Karin Thom: S. 13; Tourist Info Eging: S. 71; Urte Wurtzel: S. 73; Jens Zappe, Dresden: S. 35
Textlektorat: Julia Lorenzer, Rohrdorf

MIX
Papier | Fördert gute Waldnutzung
FSC® C011279
www.fsc.org

Druck und Bindung: LUC GmbH, Greven
ISBN 978-3-7700-2599-2

droste-verlag.de